国家出版基金项目
NATIONAL PUBLICATION FOUNDATION

"无废城市"建设理论与实践丛书

面向"无废"的工业固体废物管理

黄启飞 陈超 李丽 编著

U0214837

清华大学出版社
北京

内 容 简 介

本书系统介绍了工业固废"无废"建设背景和建设指标体系,工业固废的产生来源、特性及传统和新兴的工业固废"无废"利用技术,并以 5 个城市为例,介绍了中国工业固废"无废"管理经典模式,可为"十四五"乃至更长时间我国"无废社会"的建设提供基础资料和借鉴。

本书可供环境管理、固体废物风险控制、固体废物资源化利用等领域的高等院校师生和科研院所研究人员及相关技术人员阅读参考。

本书封面贴有清华大学出版社防伪标签,无标签者不得销售。

版权所有,侵权必究。举报:010-62782989,beiqinquan@tup.tsinghua.edu.cn。

图书在版编目(CIP)数据

面向"无废"的工业固体废物管理/黄启飞,陈超,李丽编著.—北京:清华大学出版社,2024.7

("无废城市"建设理论与实践丛书)

ISBN 978-7-302-65884-9

Ⅰ. ①面… Ⅱ. ①黄… ②陈… ③李… Ⅲ. ①工业固体废物—固体废物处理 Ⅳ. ①X705

中国国家版本馆 CIP 数据核字(2024)第 064911 号

责任编辑:孙亚楠
封面设计:常雪影
责任校对:赵丽敏
责任印制:刘 菲

出版发行:清华大学出版社
　　　　网　　　址:https://www.tup.com.cn,https://www.wqxuetang.com
　　　　地　　　址:北京清华大学学研大厦 A 座　　　邮　　编:100084
　　　　社 总 机:010-83470000　　　　邮　　购:010-62786544
　　　　投稿与读者服务:010-62776969,c-service@tup.tsinghua.edu.cn
　　　　质量反馈:010-62772015,zhiliang@tup.tsinghua.edu.cn
印 装 者:大厂回族自治县彩虹印刷有限公司
经　　销:全国新华书店
开　　本:170mm×240mm　　印　张:9.75　　字　　数:183 千字
版　　次:2024 年 7 月第 1 版　　　　　印　　次:2024 年 7 月第 1 次印刷
定　　价:59.00 元

产品编号:102169-01

"无废城市"建设理论与实践丛书
编委会

主　编　李金惠

编　委　陈　扬　　丛宏斌　　黄启飞　　刘丽丽

　　　　聂小琴　　牛玲娟　　赵娜娜

固体废物治理是生态文明建设的重要内容,是美丽中国画卷不可或缺的重要组成部分。加强固体废物治理既是切断水气土污染源的重要工作,又是巩固水气土污染治理成效的关键环节。党中央、国务院高度重视固体废物污染防治工作,新时代十年以来,针对影响人民群众生产生活的"洋垃圾"污染、"垃圾围城"、固体废物危险废物非法转移倾倒等突出问题,部署开展了禁止"洋垃圾"入境、生活垃圾分类、"无废城市"建设试点、塑料污染治理等多项重大改革,解决了很多长期难以解决的问题,切实增强了人民群众的获得感、幸福感、安全感。

"无废城市"建设是固体废物污染防治的重要篇章。2018 年 12 月,生态环境部会同 18 个部门编制《"无废城市"建设试点工作方案》,通过中央全面深化改革委员会审议,由国务院办公厅印发实施。生态环境部会同相关部门,筛选确定深圳等 11 个试点城市和雄安新区等 5 个特殊地区作为"无废城市"建设试点,各地积极探索和创新工作方法,形成一系列好做法、好经验。在试点基础上,根据《中共中央国务院关于深入打好污染防治攻坚战的意见》部署要求,2021 年 12 月,生态环境部会同有关部门印发《"十四五"时期"无废城市"建设工作方案》,确定 113 个城市和 8 个地区开展"无废城市"建设,"无废城市"建设从局部试点向全国推开迈进。

"无废城市"是以新发展理念为引领,通过推动形成绿色发展方式和生活方式,持续推进固体废物源头减量和资源化利用,将固体废物环境影响降至最低的城市发展模式。开展"无废城市"建设,从城市层面综合治理、系统治理、源头治理固体废物,在突破源头减量不充分、过程资源化水平不高、末端无害化处置不到位等固体废物污染防治瓶颈的同时,有利于改变"大量消耗、大量消费、大量废弃"的粗放生产生活方式,推动形成节约资源和保护环境的空间格局、产业结构、生产方式、生活方式,实现绿色低碳高质量发展。巴塞尔公约亚太区域中心对全球 45 个国家和地区相关数据的分析表明,通过提升生活垃圾、工业固体废物、农业固体废物和建筑垃圾 4 类固体废物的全过程管理水平,可以实现国家碳排放减量 13.7%～45.2%(平均为 27.6%)。

开展"无废城市"建设,是党中央、国务院作出的一项重大决策部署,关系人民群众身体健康,关系持续深入打好污染防治攻坚战,关系美丽中国建设。我国"无废城市"建设在推动固体废物减量化、资源化、无害化和绿色化、低碳化等方面取得积极进展,涌现了一大批城市经验和典型。为了全面总结"无废城市"建设的先进经验和典型,宣传和推广"无废城市"建设的中国方案,巴塞尔公约亚太区域中心会同中国环境科学研究院、农业部规划设计研究院、中国科学院大学、中国城市建设研究院有限公司、生态环境部宣传教育中心等单位共同组织编写了"无废城市"建设系列丛书,从国际、工业固废、农业固废、危险废物、生活垃圾、生活方式、典型案例 7 个方面,阐述不同领域固体废物的基本概念。

"十四五""十五五"时期是美丽中国建设的重要时期,也是"无废城市"建设的关键时期。我相信,本丛书的出版会对致力于固体废物管理的工作者及开展"无废城市"建设的地区提供有益借鉴,也希望在开展"无废城市"建设的过程中,大家能够更加紧密地团结在以习近平同志为核心的党中央周围,认真贯彻落实党中央、国务院决策部署,推动"无废城市"高质量建设事业迈上新台阶、取得新进步,推动"无废城市"走向"无废社会",为全面推进美丽中国建设、加快推进人与自然和谐共生的现代化作出新的更大贡献!

清华大学环境学院长聘教授、博士生导师
联合国环境署巴塞尔公约亚太区域中心执行主任

前言

　　工业固体废物(简称"工业固废")作为我国分布最广、种类最多、体量最大的固体废物类型,其管理和处理与人们生活和城市发展息息相关,也是"无废城市"建设的重要组成部分。我国"无废城市"建设试点工作已开展数年,试点城市和地区在工业固废领域的相关工作取得积极进展。为向更多人宣传推广我国工业固废"无废"进程的先进做法和经验,编写了本书。相信本书的出版,可以为其他城市开展"无废城市"建设提供参考,也为从事该领域的研究人员、相关产废工业企业对于工业固废的"无废"利用技术与实践提供新的思路。

　　本书系作者根据多年来在工业固废和"无废城市"领域的研究工作,结合多项科研成果,同时吸取国内外一些有价值素材编写而成。本书分为五章:第1章重点介绍了工业固废的产生来源、特性、收运、贮存等,便于读者认识工业固废;第2章重点介绍了工业固废"无废"背景及我国工业固废管理体系;第3章重点介绍了常见工业固废的综合利用技术并举例说明;第4章较深入介绍了一种潜力巨大的工业固废"无废"处理技术——工业窑炉协同处理;第5章介绍了几种我国工业固废"无废"管理典型模式。本书内容比较全面、系统,由浅入深,便于读者学习。

　　本书主要由中国环境科学研究院固体废物污染控制技术研究所黄启飞、陈超、李丽等编写。巴塞尔公约亚太区域中心李金惠、赵娜娜,中国科学院大学陈扬,中国城市建设研究院聂小琴,生态环境部宣传教育中心牛玲娟,农业部规划设计研究院能源与环保研究所丛宏斌,清华大学刘丽丽对本书初稿提出了许多宝贵意见,在此一并表示感谢。

　　限于作者水平,书中难免有不当之处,诚请读者批评指正。

作　者

2023 年 11 月

目录

第1章

认识工业固废

1.1 工业固废的产生来源

1.1.1 产生源和分类

《固体废物污染环境防治法》中定义"工业固废"是指"在工业生产活动中产生的固体废物"。这个定义概括出工业固废的来源非常广泛,所有与工业生产直接相关的活动都可能是工业废物的产生源,涉及的行业主要有冶金、化工、煤炭、矿山、石油、电力、交通、轻工、机加工、机械制造、制药、汽车、通信和电子、建材、木材、玻璃、金属加工等。工业生产产生的固体废物(简称"固废")种类非常多,不同工业产生的废物类别也不同,主要包括生产过程中产生的废弃副产物或中间产物、报废原材料和设施设备、报废和不合格产品、下脚料和边角料,污染控制设施产生的工业垃圾、残余物、污泥、回收物。根据来源工业固废主要分为两大类,一类是产品生产过程中产生的副产品,如冶炼渣、污水处理污泥、化工生产残液等;另外一类是失效的原料、产品等,如边角余料、废酸废碱、不合格和报废产品、报废设施设备等。但是在工业企业中生活和办公活动产生的废物、交通运输产生的废物等一般不能算作工业固废。

工业固废分类方法有很多,按照危害程度可以分为一般工业固废和危险废物;按照产生行业可分为冶金工业固废、石油工业固废、化工固体废物、建材工业固废、电子废物、机械制造工业废物、印刷业废物、造纸业废物、橡胶和塑料工业固废、矿山固体废物、制药工业固废、金属表面处理业固体废物、汽车工业固废、木材加工业固废等;按照含有的化学成分可分为含黑色金属固体废物、含重金属固体废物、含碱土金属固体废物、含稀有金属固体废物、含卤化物固体废物、含有机溶剂固体废物、含磷固体废物、含硫固体废物、含氰化物固体废物、含氟化物固体废物等;按照化学类别可分为无机固体废物和有机固体废物等。

对于一般工业固废,国家标准《一般固体废物分类与代码》(GB/T 39198—2020)已于 2020 年 10 月 11 日发布,并在 2021 年 5 月 11 日正式实施。这份国标中按照来源将一般固废划分为以下 6 大类:①废弃资源;②采矿业产生的一般固体废物;③食品、饮料等行业产生的一般固体废物;④轻工、化工、医药、建材等行业产生的一般固体废物;⑤钢铁、有色冶金等行业产生的一般固体废物;⑥非特性行业生产过程中产生的一般固体废物,同时对应 6 大类来源按照主要成分又细分 40 个小类,覆盖工业生产中绝大部分固体废物。具体分类详情见表 1-1。

表 1-1　一般固体废物分类与代码

来源	类别	代码	说　明
废弃资源	废旧纺织品	1	指从纺织品原材料生产、加工和使用中产生的废物
	废皮革制品	2	指从皮革鞣制、皮革加工和使用中产生的废物
	废木制品	3	指森林或园林采伐废弃物、木材加工废弃物及育林剪枝废弃物,包括废木质家具
	废纸	4	指从造纸、纸制品加工和使用中产生的废物
	废橡胶制品	5	指从橡胶生产、加工和使用中产生的废物,包括橡胶轮胎及其碎片
	废塑料制品	6	指从塑料生产、加工和使用中产生的废物
	废复合包装	7	指生产、生活中产生的含纸、塑、金属等材料的报废复合包装物
	废玻璃	8	指从玻璃生产、加工和使用中产生的废物及废弃制品
	废钢铁	9	指铁等黑色金属及其合金在生产、加工和使用时产生的废料和使用过程中产生的废物
	废有色金属	10	指各种有色金属及其合金在生产、加工和使用时产生的废料和使用过程中产生的废物
	废机械产品	11	指生产、生活中产生的报废机械设备
	废交通运输设备	12	指生产、生活中产生的报废车辆、飞机、船舶等交通运输设备
	废电池	13	指生产、生活中产生的报废电池,不包括已确定为危险废物的废铅蓄电池、废镉镍电池、废氧化汞电池
	废电器电子产品	14	指生产、生活中产生的废弃电子产品、电气设备及其废弃零部件、元器件

续表

来源	类别	代码	说　明
采矿业产生的一般固体废物	煤矸石	21	指采煤过程和洗煤过程中排放的固体废物,是一种在成煤过程中与煤层伴生的含碳量较低、比煤坚硬的黑灰色岩石。包括巷道掘进过程中的掘进矸石,采掘过程中从顶板、底板及夹层里采出的矸石及洗煤过程中挑出的洗矸石
	其他尾矿	29	指选矿中分选作业产生的有用目标组分含量较低而无法用于生产的部分矿石和破碎分选过程产生的废渣,包括洗煤过程中产生的煤泥,不包括表中已提到的煤矸石
食品、饮料等行业产生的一般固体废物	植物残渣	31	指植物在种植、加工、使用过程产生的剩余残物,包括植物饲料残渣,不包括表中已提到的林木废物、粮食及食品加工废物
	动物残渣	32	指动物原材料(如猪肉、鱼肉等)加工、使用过程产生的剩余残物
	禽畜粪肥	33	指养殖等过程产生的动物粪便、尿液和相应污水
	粮食及食品加工废物	34	指粮食在食品加工过程中产生的废物
	其他食品加工废物	39	指食品、饮料、烟草等行业生产过程中产生的其他废物,不包括表中已提到的植物残渣、动物残渣、禽畜粪肥、粮食及食品加工废物
轻工、化工、医药、建材等行业产生的一般固体废物	硼泥	41	指生产硼酸、硼砂等产品产生的废渣,为灰白色、黄白色粉状固体,呈碱性,含氧化硼和氧化镁等组分
	盐泥	42	指制碱生产中以食盐为主要原料用电解方法制取氯、氢、烧碱过程中排出的废渣和泥浆,主要含有镁、铁、铝、钙等的硅酸盐和碳酸盐
	磷石膏	43	指生产磷酸过程中用硫酸处理磷矿时产生的固体废渣
	含钙废物	44	指工业生产中产生的电石渣、废石、造纸白泥、氧化钙等废物,不包括磷石膏、脱硫石膏
	中药残渣	45	指从中药生产中生产的植物残渣
	矿物型废物	46	指废陶瓷、铸造型砂、金钢砂等无机矿物型废物,不包括表中已提到的废玻璃
	其他轻工、化工废物	49	指轻工、化工、医药、建材等行业生产过程中产生的其他废物,不包括表中已提到的硼泥、盐泥、磷石膏、含钙废物、中药残渣、矿物型废物

续表

来源	类别	代码	说　明
钢铁、有色冶金等行业产生的一般固体废物	高炉渣	51	指在高炉炼铁过程中由矿石中的脉石、燃料中的灰分和溶剂(一般是石灰石)形成的固体废物,包括炼铁和化铁冲天炉产生的废渣
	钢渣	52	指在炼钢过程中排出的固体废物,包括转炉渣、平炉渣、电炉渣
	赤泥	53	指生产氧化铝过程中产生的含氧化铝、二氧化硅、氧化铁等的废物,一般因含有大量氧化铁而呈红色
	金属氧化物废物	54	指生产中产生的主要含铁、镁、铝等金属氧化物的废物,包括铁泥,不包括表中已提到的硼泥、赤泥
	其他冶炼废物	59	指金属冶炼(干法和湿法)过程中产生的其他废物,不包括表中已提到的高炉渣、钢渣、赤泥和含金属氧化物的废物
非特定行业生产过程中产生的一般固体废物	无机废水污泥	61	指含无机污染物质废水经处理后产生的污泥
	有机废水污泥	62	指含有机污染物质废水经处理后产生的污泥,包括城市污水处理厂的生化活性污泥、渔业养殖产生的污泥等,不包括表中已提到的禽畜粪肥
	粉煤灰	63	指从煤燃烧后的烟气中收捕下来的细灰,是燃煤发电过程特别是燃煤电厂排出的主要固体废物
	锅炉渣	64	指工业和民用锅炉及其他设备燃烧煤或其他燃料所排出的废渣(灰),包括煤渣、稻壳灰等
	脱硫石膏	65	指废气脱硫过程中产生的以石膏为主要成分的废物
	工业粉尘	66	指各种除尘设施收集的工业粉尘,不包括粉煤灰
	其他废物	99	不能与本表中上述各类对应的其他废物

1.1.2　产生特性

1. 产生量大、增长迅速

工业固废产生量巨大,以我国为例,根据中国环境统计年报相关数据,近十年来,由于城市的高速发展和居民日益增长的物质需求,我国工业固废产生量呈逐年增长趋势(2020年受新冠疫情影响,工业活动减弱,工业固废产生量下降)。2021年我国一般工业固废和工业危险废物产生量分别高达39.70亿吨和0.87亿吨,相比2010年的24.1亿吨和0.16亿吨,分别上升64.73%和443.75%,具体数据变化如图1-1和图1-2所示[①]。

---

①　2011年后由于统计口径发生改变,统计数据大幅提升。

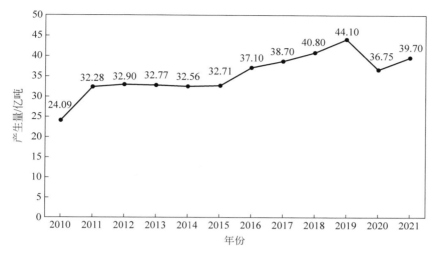

图 1-1 全国一般工业固废产生量

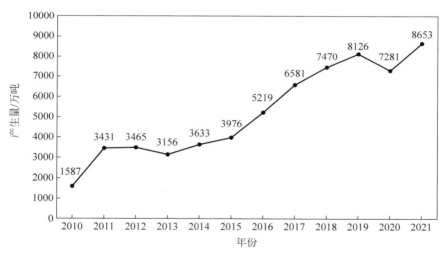

图 1-2 全国工业危险废物产生量

2. 资源化潜力空间大

随着国家的重视及技术的发展,2010—2021 年,我国工业固废的综合利用量不断增加,从 2010 年的 16.18 亿吨到 2021 年的 22.67 亿吨,提高了 40.11%,具体如图 1-3 所示。综合利用已成为工业固废的最大流向,但其近十余年间的综合利用率却不见增长,一直维持在 50%～60%。另外,目前我国对工业固废的综合利用还仅限于初级的粗放式利用,如铺路、生产水泥建材、矿坑填充等,高附加值的产品较少。由此可见,我国工业固废仍有较大的综合利用潜力。

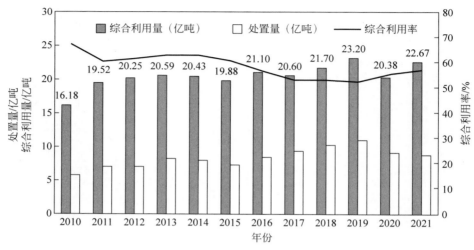

图 1-3　全国一般工业固废综合利用情况

3. 相对稳定性

工业固废的产生量具有一定的稳定性,例如,一个工业产品的生产在工艺条件没有大的改变的情况下,很可能十几年都保持在一个稳定的水平,而工业固废的产生系数在同一工艺条件下一般也维持在一个相对稳定的区间。表 1-2 是我国部分工业固废产生系数,即产品与固体废物之间的关系。

表 1-2　我国部分工业固废的产生系数

产品(工艺)	固体废物	单位	系数
重铬酸钠(氧化焙烧法)	铬渣	t/t-产品	1.8～3
重铬酸钠	含铬芒硝	t/t-产品	0.5～0.8
	含铬铝泥	t/t-产品	0.04～0.06
铬酸酐	含铬硫酸钠	t/t-产品	1.0～1.7
	含铬酸泥	t/t-产品	0.3～0.6
氰化钠(氨钠法)	氰渣	t/t-产品	0.057
黄磷	富磷泥	t/t-产品	0.1～0.15
	贫磷泥	t/t-产品	0.3～0.6
合成氨	悬浮物	kg/t-氨	11.6
	油	kg/t-氨	0.45
	氰化物	kg/t-氨	0.4
烧碱(水银法)	含汞盐泥	t/t-产品	0.04～0.05

续表

产品(工艺)	固体废物	单位	系数
磷酸(湿法)	磷石膏	t/t-产品	3~4
氮肥生产	变换废催化剂	kg/t-氨	0.47
	合成废催化剂	kg/t-氨	0.23
	甲醇废催化剂	kg/t-甲醇	4~18
	硝酸氧化炉废渣	kg/t-硝酸	0.1
纯碱(氨碱法)	蒸馏废液	m^3/t-产品	9~11
氢氧化钠	盐泥	kg/t-产品	40~60
硫酸	酸性废水	t/t-产品	5~15
	酸洗工艺后的污酸	l/t-产品	30~50
	废渣(以硫铁矿为原料)	kg/t-硫酸	700
硝酸	废渣	t/t-产品	57
氢氟酸	氟硅尘	kg/t-产品	13.6
盐酸	废液	kg/t-产品	23~41
硼砂	硼泥	t/t-产品	4~5
氧化铝(拜耳法)	赤泥	t/t-产品	1.0~1.8
生铁(高炉法)	瓦斯灰	kg/t-产品	35~90
粗钢	钢渣	kg/t-产品	80~150
原煤	煤矸石	kg/t-产品	100~200
生铁	高炉渣	t/t-产品	0.3~1

4. 分布不均衡

工业固废的产生分布具有区域的不均衡性,不同国家和地区、不同经济发展程度、不同工业结构类型所产生的工业固废的性质和数量差异都很大。

(1) 地区分布不均衡

图 1-4 是 2021 年各地区一般工业固废产生情况,产生量排名前 5 位的地区依次为山西、内蒙古、河北、山东和辽宁,分别占全国一般工业固废产生量的 10.56%、10.38%、10.30%、6.36% 和 6.20%。从图 1-4 可以看出,一般工业固废产生量大的地区都是我国煤炭、矿产和冶金等重工业发达的地区。图 1-5 是 2021 年各地区工业危险废物产生情况,产生量排名前 5 位的地区依次是山东、内蒙古、江苏、浙江和广东,分别占全国工业危险废物产生量的 12.1%、9.0%、8.0%、6.2% 和 5.7%。不同于一般工业固废,工业危险废物产生量大的地区是我国制造业、有色冶炼、煤炭等工业发达的地区。

(2) 行业分布不均衡

几乎所有工业行业都产生工业固废,但产生量的差异非常大。图 1-6 和图 1-7 是我国 2019 年主要工业行业一般工业固废和工业危险废物产生量情况。

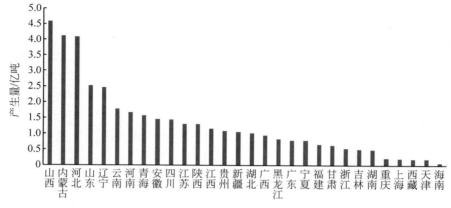

图 1-4 2021 年各地区一般工业固废产生情况

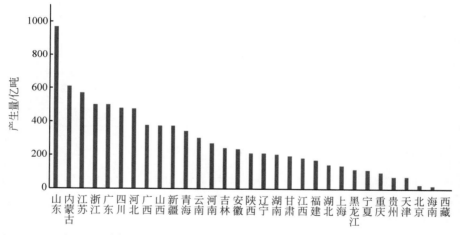

图 1-5 2021 年各地区工业危险废物产生情况

从图中数据可以看出,我国一般工业固废主要产自电力、热力生产和供应业,有色金属矿采选业,煤炭开采和洗选业,黑色金属冶炼和压延加工业,黑色金属矿采选业,分别占全国一般工业固废产生量的 17.5%、14.9%、14.0%、12.8% 和 12.2%,这 5 个工业行业的一般工业固废产生量占全国所有工业的 71.4%,这一现象与我国能源以煤炭为主、冶金产业发展迅速等工业基本特点有关。此外,我国工业危险废物产生量排名前 5 位的行业依次为化学原料和化学制品制造业,有色金属冶炼和压延加工业,石油、煤炭及其他燃料加工业,黑色金属冶炼和压延加工业,电力、热力生产和供应业,这 5 个行业的工业危险废物产生量占工业危险废物产生量的 68.3%。

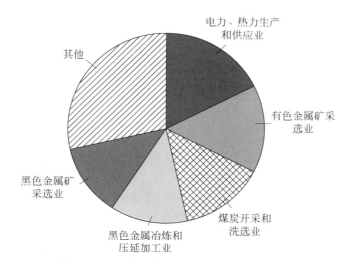

图 1-6　2019 年一般工业固废产生量行业构成

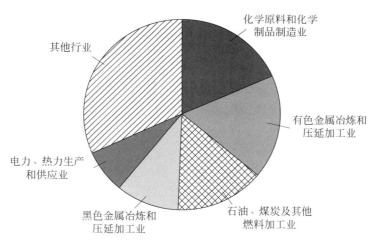

图 1-7　2019 年工业危险废物产生量行业构成

5．产生形式多样

根据生产工艺和废物产生特性,工业固废的产生有连续产生、间歇产生、一次性产生和非正常产生等多种方式。

(1)连续产生。指固体废物在整个生产过程中连续不断地产生,通过输送泵站和管道、传送带等排出。如热电厂粉煤灰浆、冶炼厂瓦斯泥、磁选尾矿浆、煤矸石等。连续产生往往产生于自动化程度比较高的生产过程中,废物的物理性质相对稳定,化学性质则根据原料的不同呈现周期性变化。

（2）间歇产生。指固体废物在某一相对固定的时间段内分批产生，可能是一个生产班次、数日或数月产生一批。例如，有的冶炼高炉渣和钢渣是一渣罐一渣罐地产生，有的食品加工产生的废物是按照生产班次产生，有的电镀废液也是按照班组产生，有的除尘灰、废药是数日产生，有的废水处理污泥、废溶剂、废产品是数月产生等。间歇产生是比较常见的废物产生方式。根据生产的稳定程度，批量产生的废物质量或体积大体相等。同批产生的废物，物理化学性质相近，不同批次间可能存在较大的差异。

（3）一次性产生。多指产品更新或设备淘汰、更新、检修时产生废物的方式。例如，石油炼制工艺中的废催化剂只有当催化剂失去活性后才能更换，可能是一年或几年更换一次；又如废吸附剂、设备检修或清洗产生的废物都是一次性的，可能是几个月产生一次；还有设备更新或工艺改造的周期比较长，一次性产生的固体废物也比较多。这类废物的产生量大小不等，有时常混杂有相当数量的车间清扫废物和生活垃圾等，所以组成成分复杂、污染物含量变化无规律。

（4）非正常产生。指生产试运行、设备故障、突发性事故（如因停水、停电使生产过程被迫中断等）产生的报废原料和产品等废物。这类废物不是正常产生的，没有规律，污染物含量差异极大。

1.2 工业固废特性与环境影响

1.2.1 工业固废形态与特征

1. 工业固废的形态

《固体废物污染环境防治法》（简称《固废法》）中有关固体废物的范围明确包括固态、半固态和置于容器中的气态物品、物质及法律、行政法规规定纳入固体废物管理的物品、物质，同时还规定除排入水体的废水之外的液态废物也需要执行《固废法》的规定。因此，从法律和管理的角度，固体废物包括固态、半固态、气态和液态四种基本形态。

固态废物是在常温环境下有一定物理或机械形状的比较干的废物，是工业生产产生废物最为常见的形态，种类比较多，如尾矿渣、高炉渣、钢渣、煤矸石、煤渣、粉煤灰、废钢铁、铬渣、硫铁矿渣、锰渣、钡渣、废有色金属、废纺织品、电子废物、电器废物、石棉废物、污泥饼、除尘灰、纺织边角碎料、硬化的环氧树脂废物、废塑料、废橡胶、焊锡废物、油抹布、电石渣等。半固态废物是指那些呈黏稠状、泥状或者含水分比较高的废物，也是工业生产中比较常见的废物，尤其是石油和化工生产中,绝大部分半固态废物含有大量的有机组分。例如,精蒸馏残渣、罐底油泥、沥青油渣、活性污泥、印刷废油墨、浮油渣、酸焦油渣、酚焦油渣、废油漆、高炉瓦斯泥、阳极泥、磷泥、废黏合剂和其他废物等。气态废物是指那些置于容器中的气体废物,如钢瓶中剩余的气体,容器中的残余液化石油气、煤气、其他有机气体等,这些容器中的气态物质如果不妥善管理和处理,泄漏到环境中将产生危害和环境污染。当然,工业生产中排放到空气中的废气如烟气、车间无组织排放的废气等不能归入固体废物的范畴。液态废物是指常温下可以自然流动、没有固定形状的废溶液。工业生产中产生大量的液态废物,尤其是在工业危险废物中液态废物占有很高的比例。我国每年的工业危险废物统计中有一半以上属于液态废物,包括废酸液、废碱液、废溶剂、废油、废药剂、废化学试剂、含有害物质的废液等。但是,法律也规定排入水体的废水不能按照固体废物来管理,实际上工业生产中大量进入污水处理厂处理的废水也是不能按照工业固废来管理的。

2. 工业固废的特征

工业固废的特征与其产生源是密切相关的。作为一种固体废物的大类,我国工业固废具有以下几个共性特征。

（1）性质稳定

无论是固态废物还是液态、气态废物,只要是产生废物的生产工艺和生产原料不发生变化,其成分、性状等性质都不会随时间而发生大的变化,也不会随地点变化而发生变化;同时废物的成分等性质也具有较高的均匀性,即相对的杂质含量较低。工业固废的这一特征为其综合利用带来一定的便利,特别是产生量大的工业固废,如粉煤灰、煤矸石、冶炼废渣、炉渣、脱硫石膏,2019 年它们的综合利用率分别为 74.7%、58.9%、88.6%、72.7%、71.3%,均大大高于生活垃圾的综合利用率。

（2）成分多样复杂

工业固废的成分中既有有机物也有无机物,既有非金属也有金属;既有无毒物也有有毒物,既有单一物质又有聚合物;既有边角料又有设备配件等。有些工业固废中由于含有危害性大的有害有毒物质,如铬渣、汞渣、磷渣等,处理难度相当大。有些工业固废则含有诸如重金属、放射性、选矿化学药剂等有害物质。这些有害元素一般都高于当地土壤和水体的背景含量,甚至可达到背景含量的上万倍,一旦它们通过工业固废的贮存、运输、生产、销售、使用和处置的各个环节进入环境,将在时间或空间上对生态环境造成严重的污染和危害。

（3）产生量、成分和性质与工业结构和生产工艺、原料等因素有关

某一地区的工业固废种类与这一地区的工业结构有着密切关系。如山西省是我国重点产煤区，其产生的工业固废中煤矸石、尾矿、粉煤灰、高炉渣和锅炉煤渣占总量的 86%；黑龙江是我国重要产煤地区和重点产粮地区，其产生的工业固废中煤矸石、尾矿、粉煤灰、锅炉煤渣和粮食及食品加工废物占总量的 90%；云南是我国重要的矿藏基地，其产生的工业固废中尾矿占总量的 41%。

1.2.2 工业固废污染特性与环境影响

1. 工业固废污染特性

工业固废的污染特性是伴随着产生特性而来的：工业固废产生量大，说明环境污染的可能性就大；工业固废产生种类多，说明导致污染的有害成分会更加复杂；工业固废产生广泛分布，说明产生污染的范围会更大；工业固废产生去向可控，一方面要依据污染成分来定方案，另一方面是防止产生环境污染。工业固废产生特性表现是多方面的，因而污染特性是复杂的。

（1）污染成分复杂

工业固废污染成分复杂与生产工艺、原材料的使用、堆存方式有很大的关系。不同工业产品在生产过程中所产生的固体废物类别和主要污染物种类因所使用的原辅材料而不同；相同工业产品的生产，因生产工艺和原辅材料的产地不同，主要污染物含量也存在着差异。

（2）污染形式多样

工业固废产生的环境污染和危害形式是多种多样的。从时间上来看有长期的、潜在的危害和即时的危害，例如，工业固废排入水体导致鱼虾死亡就是即时的危害，石棉废物产生的石棉粉尘对人体健康的危害可潜伏几十年才表现出来就是长期的危害；从危害程度上可分为一般危害和严重危害，例如，一般工业固废相对于危险废物的危害性就轻一些，1 吨含砷的固体废物比 1 吨高炉渣的危害要大得多；从导致污染的途径上可通过各种环境介质和人体接触产生直接的危害；从污染对象上可导致大气污染、水体污染、生态破坏、健康损害、物品受污染、占用土地、破坏农田甚至毁坏财物等；从污染的方式上有直接产生污染和间接产生污染，直接污染是工业固废对环境和人体健康产生的直接危害，例如，固体废物乱堆乱放产生的扬尘污染，受水的浸泡产生的有害物质污染水体，直接接触导致皮肤过敏和损伤等，间接污染是固体废物在加工利用和减少或消除污染等过程中产生的新的固体废物、废水、废气导致的污染。

2. 环境影响

在对工业固废进行的全过程管理过程中,工业固废均会对环境造成不同程度的影响,具体表现在以下几个方面。

（1）占用土地资源

工业固废的堆放或者填埋处置都要占用一定土地,而且其累积的存放量越多,所需的面积也越大,据估算,每堆积1万吨废渣需占土地1亩(1/15ha)。按我国工业固废600亿吨的贮存量计算,单是贮存的工业固废就占地600万亩,这还不包括工业固废填埋占用的土地。随着工业固废产生量的不断增长,废物占地的矛盾日益突出。

（2）污染土壤环境

固体废物及其淋洗和渗滤液中所含的有害物质会改变土壤的性质和土壤结构,并将对土壤中微生物的活动产生影响。这些有害成分的存在,不仅有碍植物根系的发育和生长,而且还会在植物有机体内积蓄,通过食物链危及人体健康。土壤是许多细菌、真菌等微生物聚居的场所。这些微生物形成了一个生态系统,在大自然的物质循环中,担负着碳循环和氮循环的一部分重任。工业固废特别是危险废物,经过风化、雨雪淋溶、地表径流的侵蚀,产生高温和毒水或其他反应,能杀灭土壤中的微生物,使土壤丧失分解能力,导致草木不生。

（3）污染水环境

固体废物弃置于水体,将使水质直接受到污染,严重危害水生生物的生成条件,并影响水资源的充分利用。此外,堆积的固体废物经过雨水的浸渍和废物本身的分解,其渗滤液和有害化学物质的转化和迁移将对附近地区的河流及地下水系和资源造成污染,导致水体缺氧、富营养化、鱼类死亡等。

即使是一般工业固废倾倒入河流、湖泊等水体环境,也会造成河床淤塞、水面减小、水体污染,甚至导致水利工程设施的效益减少,使其排洪和灌溉能力有所降低。我国沿河流、湖泊、海岸建立了许多企业,每年向附近水域倾倒大量的灰渣。根据我国有关单位的估计资料,由于向江海湖泊中倾倒固体废物,20世纪80年代的水面较50年代减少了约2000多万亩。

工业固废倾倒产生的水环境污染在我国还是比较多见的,产生的后果非常严重。随意倾倒固体废物至自然环境中是我国法律所不允许的,产生工业固废的单位应按照《固体废物污染环境防治法》和标准规范的要求妥善处理工业固废。但是即使建设完备的填埋场,如果所产生的渗滤液没有得到妥善的处理就排放到环境中,也会造成水体的污染。另外固体废物的处理过程产生的污水也可能造成对水体的污染。

（4）污染空气环境

工业固废中有很多呈细微颗粒状，如选矿尾矿砂、高炉渣、除尘灰、石棉粉尘、产品的切磨废料等，堆放的工业固废中的细微颗粒、粉尘等可随风飞扬，从而对空气环境造成污染。而且，由于堆积的废物中某些物质的分解和化学反应，可以不同程度地产生毒气或恶臭，造成局部性空气污染。

（5）影响人体健康

工业固废堆存、处理、处置和利用的过程中，一些有害成分会通过水、大气、食物等多种途径被人类吸收，从而危害人体健康，例如，当某些不相容物混合时，可能发生热反应（燃烧或爆炸）、产生有毒气体（砷化氢、氰化氢、氯气等）和产生可燃性气体（氢气、乙炔等），从而危害人体健康；皮肤直接与废强酸或废强碱接触，将发生烧灼性腐蚀作用；工矿企业危险废物所含化学成分可污染饮用水，对人体形成化学污染；若贮存危险物品的空容器未经适当处理或管理不善，会引起严重中毒事件。

1.3　工业固废的收集、运输与贮存

1.3.1　工业固废的收集和运输

1. 工业固废的收集和运输概况

工业固废的收集和运输是连接产生源和中间处理场所、最终处置场的重要环节，对防止环境污染及保护人们的生活环境有重要意义。工业固废的产生源是企业，产生相对集中，具有明显的归属性，且工业固废的组分复杂，有毒有害物质含量大，危险废物大都来自工业固废，其处理处置技术的要求也比较高。以上特点决定了其收集运输与生活垃圾等其他固废具有较大差异。一般情况下，产生废物比较多的企业在其工厂内外都建有自己的堆场，废物的收集运输工作由企业负责。

对于工业固废的收集运输，通常需要满足以下原则：工业固废的收集和运输要以工业区规划为基础；工业固废的收集和运输必须以企业为负责人，同时服从工业区域的整体规划或者工业固废管理机构的宏观调控；在资源综合利用基础上实行规模处理和处置，建立厂商或者企业之间的资源综合利用路线图和集中处理处置运输路线图；建立固废收集和运输调度机构；一般工业固废要与危险废物、泥态与固态、可回收和不可回收分开收集；工业固废的运输需选择合适的包装容器，容器和包装材料应与所装固体废物相容，且要有足够强度，确保运输过程中固废不易破裂。

2. 工业固废的收集方式

根据收集时间,工业固废的收集分为定期收集和随时收集两种方式。定期收集是按照固定周期对特定废物进行收集的方法。一般情况下,定期收集适用于产生固体废物量较大的大中型厂矿企业,特别是产生危险废物的厂矿企业。此方法具有以下优点:定期收集可将不合理的暂存废物的危险性降低到最低;能够有计划地调度使用运输车辆;利于处理处置者及时制定、更改管理计划。

随时收集是指根据固废产生者的要求随时收集废物,主要适用于产生固体废物量无规律的企业。

3. 工业固废的运输方式

工业固废的运输方式主要有车辆运输、铁路运输、船舶运输和管道运输等。工业固废的收集、运输机械应与废物的性质、状态、排放单位、处理设施等的规模和结构相适应。

(1)车辆运输

车辆具有上门收集、运送的便利性,还具有应付状况变化的灵活性、初期投资和运营成本低、容易调配工作人员等特点,同时机械的种类也很多。因此车辆运输是工业固废中应用最广、历史最长的运输方式。

(2)铁路运输

铁路运输适合长距离大量运送,运送距离在 400km 以上时比车辆运输更经济,此外铁路运输受道路交通的影响少,容易把握运送日程,并且事故风险少,适于危险废物的搬运。

(3)船舶运输

船舶运输能把大量货物长距离运送,在两个地点的运送中,与其他运输方式相比成本较低,并极少受到陆地交通影响,适用于沿海城市的企业。

(4)管道运输

管道运输是近些年发展起来的运输方式,能提高工业固废收集和运送效率,且不受天气的影响,是不需要人力的低公害运输系统,但目前只限于企业内的泥浆和液态废物。

1.3.2 工业固废的贮存

1. 工业固废贮存现状

近年来,我国工业固废的贮存量呈整体增长趋势,见表 1-3。2021 年,一般工业固废贮存量为 8.94 亿吨,危险废物贮存量为 102.4 万吨。从 2010 年到 2019 年,10 年累积一般工业固废贮存量达到 61.87 亿吨,危险废物累积贮存量达到 6528 万吨。我国工业固废历年的累积存量压力仍然巨大,据有关资料显示,截至 2020 年,我国工业固废贮存量达到 600 亿吨以上,并且以 10 亿吨每年的速度继续堆存。

表 1-3 全国工业固废贮存量情况

年份	一般工业固废/亿吨	危险废物/万吨
2010	2.19	97
2011	5.71	741.4
2012	5.58	762.2
2013	3.88	754.7
2014	4.09	642.2
2015	5.52	752.3
2016	7.50	901.8
2017	8.70	608.3
2018	8.80	681.5
2019	9.90	586.7
2020	8.08	221.4
2021	8.94	102.4

2. 工业固废贮存要求

我国一般工业固废贮存需满足《一般工业固体废物贮存和填埋控制标准》(GB 18599—2020),主要要求如下:

(1) 贮存场选址要求:不得选在生态保护红线区域、永久基本农田集中区域和其他需要特别保护的区域内;应避开活动断层、溶洞区、天然滑坡或泥石流影响区及湿地等区域;不得选在江河、湖泊、运河、渠道、水库最高水位线以下的滩地和岸坡,以及国家和地方长远规划中的水库等人工蓄水设施的淹没区和保护区之内。

(2) 贮存场技术要求:一般应包括防渗系统、渗滤液收集和导排系统、雨污分流系统、分析化验与环境监测系统、公用工程和配套设施、地下水导排系统和废水处理系统;渗滤液收集池的防渗要求应不低于贮存防渗要求;与生活垃圾性质相近的一般工业固废,以及有机质含量超过 5% 的一般工业固废(煤矸石除外),其直接贮存应符合《生活垃圾填埋场污染控制标准》;防渗衬层要满足一定的厚度和防渗系数。

(3) 入场要求:有机质含量小于 5%(煤矸石除外),水溶性盐总量小于

5％；不相容的一般工业固废应设置不同的分区进行贮存；危险废物和生活垃圾不得进入。

（4）运行要求：运行企业应建立档案管理制度；应设立环境保护图形标志牌；应采取洒水等有效抑尘措施防止扬尘污染；渗滤液应进行收集处理达到要求方可排放；无组织气体排放、环境噪声、恶臭污染物应符合相关标准要求。

（5）封场要求：服务期满或不再承担新的贮存任务时，应在 2 年内启动封场作业，并采取相应的污染防治措施，防止造成环境污染和生态破坏；封场时应控制封场坡度，防止雨水侵蚀；封场后，仍需对覆盖层进行维护管理，防止覆盖层不均匀沉降、开裂；封场完成后，可依据当地地形条件、水资源及表土资源等自然环境条件和社会发展需求并按照相关规定进行土地复垦；历史堆存一般工业固废场地经评估确保环境风险可以接受时，可进行封场或土地复垦作业。

（6）污染物监测要求：废水污染物监测至少每月 1 次；地下水监测至少每月 1 次；大气监测频次至少每季度 1 次。如监测结果出现异常，应及时进行重新监测，间隔时间不得超过 1 周；土壤监测点的自行监测频次一般每 3 年 1 次，采样深度根据可能影响的深度适当调整，以表层土壤为重点采样层。

第2章

工业固废"无废"背景

2.1 工业固废与"无废城市"建设

我国工业活动强度世界第一,每年产生约 40 亿吨工业固废,历年堆存的工业固废总量超过 600 亿吨。我国工业固废种类繁多,资源属性较低,再生利用产品附加值不高,综合利用率不到 60%,因此工业固废的"无废"既是"无废城市"建设的重点,又是难点。

2.1.1 "无废城市"建设对工业固废的总体要求

"无废城市"是以创新、协调、绿色、开放、共享的新发展理念为引领,通过推动形成绿色发展方式和生活方式,持续推进固废源头减量和资源化利用,最大限度减少填埋量,将固废环境影响降至最低的城市发展模式,最终实现整个城市固废产生量最小、资源化利用充分、处置安全的目标。推动"无废城市"建设是解决我国工业固废的一项重要抓手和举措。

2018 年 12 月国务院办公厅印发的《"无废城市"建设试点工作方案》(国办发〔2018〕128 号)提出"实施工业绿色生产,推动大宗工业固废贮存处置总量趋零增长"为主要任务。具体要求包括:

(1) 全面实施绿色开采,减少矿业固废产生和贮存处置量。以煤炭、有色金属、黄金、冶金、化工、非金属矿等行业为重点,按照绿色矿山建设要求,因矿制宜采用充填采矿技术,推动利用矿业固废生产建筑材料或治理采空区和塌陷区等。到 2020 年,试点城市的大中型矿山达到绿色矿山建设要求和标准,其中煤矸石、煤泥等固废实现全部利用。

(2) 开展绿色设计和绿色供应链建设,促进固废减量和循环利用。大力推行绿色设计,提高产品可拆解性、可回收性,减少有毒有害原辅料使用,培育一批绿色设计示范企业;大力推行绿色供应链管理,发挥大企业及大型零售商带动作用,培育一批固体废物产生量小、循环利用率高的示范企业。以铅酸蓄电池、动力电池、电器电子产品、汽车为重点,落实生产者责任延伸制,到2020年,基本建成废弃产品逆向回收体系。

(3)健全标准体系,推动大宗工业固废资源化利用。以尾矿、煤矸石、粉煤灰、冶炼渣、工业副产石膏等大宗工业固废为重点,完善综合利用标准体系,分类别制定工业副产品、资源综合利用产品等产品技术标准。推广一批先进适用技术装备,推动大宗工业固废综合利用产业规模化、高值化、集约化发展。

(4)严格控制增量,逐步解决工业固废历史遗留问题。以磷石膏等为重点,探索实施"以用定产"政策,实现固废产消平衡。全面摸底调查和整治工业固废堆存场所,逐步减少历史遗留固废贮存处置总量。

2021年12月,生态环境部会同相关部门印发《"十四五"时期"无废城市"建设工作方案》,进一步明确提出"加快工业绿色低碳发展,降低工业固废处置压力"。以"三线一单"为抓手,严控高耗能、高排放项目盲目发展,大力发展绿色低碳产业,推行产品绿色设计,构建绿色供应链,实现源头减量。结合工业领域减污降碳要求,加快探索钢铁、有色、化工、建材等重点行业工业固废减量化路径,全面推行清洁生产。全面推进绿色矿山、"无废"矿区建设,推广尾矿等大宗工业固废环境友好型井下充填回填,减少尾矿库贮存量。推动大宗工业固废在提取有价组分、生产建材、筑路、生态修复、土壤治理等领域的规模化利用。以锰渣、赤泥、废盐等难利用冶炼渣、化工渣为重点,加强贮存处置环节环境管理,推动建设符合国家有关标准的贮存处置设施。支持金属冶炼、造纸、汽车制造等龙头企业与再生资源回收加工企业合作,建设一体化废钢铁、废有色金属、废纸等绿色分拣加工配送中心和废旧动力电池回收中心。加快绿色园区建设,推动园区企业内、企业间和产业间物料闭路循环,实现固废循环利用。推动利用水泥窑、燃煤锅炉等协同处置固体废物。开展历史遗留固体废物排查、分类整治,加快历史遗留问题解决。

2.1.2 工业固废"无废"指标体系

为指导城市做好"无废城市"建设工作,推动城市大幅度减少固废产生量,促进固废综合利用,降低固废危害性,最大限度降低固废填埋量,稳步提升固废治理体系和治理能力,制定了《"无废城市"建设指标体系(2021年版)》(以下简称"指标体系")。指标体系中对于工业固废方面,主要以减量化和资源化利用为核心,从源头减量、资源化利用、最终处置3个方面进行设计,具体指标见表2-1。

表 2-1 工业固废"无废"指标体系

序号	类别	指标	指 标 说 明
1		一般工业固废产生强度	指标解释：指纳入固废申报登记范围的工业企业，每万元工业增加值的一般工业固废产生量。该指标是用于促进全面降低一般工业固废产生强度的综合性指标。 计算方法：一般工业固废产生强度＝一般工业固废产生量÷工业增加值
2		工业危险废物产生强度	数据来源：市生态环境局、市统计局。 指标解释：指纳入固废申报登记范围的工业企业，每万元工业增加值的工业危险废物产生量。该指标是用于促进全面降低工业危险废物产生强度的综合性指标。 计算方法：工业危险废物产生强度＝工业危险废物产生量÷工业增加值
3	源头减量	通过清洁生产审核评估工业企业占比	数据来源：市生态环境局、市统计局。 指标解释：指需开展清洁生产审核评估的工业企业中，按《清洁生产审核评估与验收指南》(环办科技〔2018〕5号)要求通过审核评估的工业企业数量占比。城市应重点抓好钢铁、建材、有色、化工、石化、电力、煤炭等行业清洁生产审核。该指标用于促进企业实施清洁生产，从源头控制资源和能源消耗，提高资源利用效率，削减固体废物产生量，减少进入最终处置环节的固体废物量。 计算方法：通过清洁生产审核评估工业企业占比(％)＝通过清洁生产审核评估的工业企业数量÷需开展清洁生产审核评估的工业企业数量×100％
4		开展绿色工厂建设的企业占比	数据来源：市生态环境局、市发展改革委、市工信局。 指标解释：绿色工厂是指按照《绿色工厂评价通则》(GB/T 36132)和相关行业绿色工厂评价导则，实现了用地集约化、原料无害化、生产洁净化、废物资源化、能源低碳化的工厂，包括国家级、省级、市级等各级绿色工厂。该指标用于促进工厂减少有害原材料的使用，提高原材料使用效率和工业固废综合利用率。 计算方法：开展绿色工厂建设的企业占比(％)＝开展绿色工厂建设的企业数量÷城市在产企业数量×100％
5		开展生态工业园区建设、循环化改造、绿色园区建设的工业园区占比	数据来源：市工信局。 指标解释：指开展生态工业园区建设、园区循环化改造、绿色园区建设的各级各类工业园区数量。生态工业园区建设、园区循环化改造和绿色园区建设可推动实现区域内物质的循环利用，减少固废产生量。该指标用于促进各地对现有工业园区开展改造升级，建成生态工业园区、循环化园区、绿色园区；对新建园区，应按照生态工业园区、循环化园区、绿色园区建设标准开展建设。对拥有省级及以上工业园区的城市，本项为必选指标。 计算方法：开展生态工业园区建设、循环化改造、绿色园区建设的工业园区占比(％)＝开展生态工业园区建设、循环化改造、绿色园区建设的工业园区数量÷城市在产工业园区总数×100％

序号	类别	指标	指 标 说 明
6	源头减量	绿色矿山建成率	数据来源：市生态环境局、市发展改革委、市工信局。 指标解释：指城市新建、在产矿山中完成绿色矿山建设的矿山数量占比。绿色矿山指纳入全国、省级绿色矿山名录的矿山。该指标用于促进降低矿产资源开采过程固体废物产生量和环境影响，提升资源综合利用水平，加快矿业转型与绿色发展。 计算方法：绿色矿山建成率（％）＝完成绿色矿山建设的矿山数量÷矿山总数量×100％
7	源头减量	城市重点行业工业企业碳排放强度降低幅度	数据来源：市自然资源局。 指标解释：指城市钢铁、建材、有色、化工、石化、电力、煤炭等碳排放重点行业工业企业的碳排放强度相对基准年的降低幅度。该指标用于引领促进钢铁、建材、有色、化工、石化、电力、煤炭等重点行业工业企业不断降低碳排放强度，为城市整体实现碳达峰、碳中和提供重要支撑。 计算方法：城市重点行业工业企业碳排放强度降低幅度（％）＝（基准年城市重点行业工业企业碳排放强度－评价年城市重点行业工业企业碳排放强度）÷基准年城市重点行业工业企业碳排放强度×100％
8	资源化利用	一般工业固废综合利用率	数据来源：市发展改革委、市工信局、市生态环境局。 指标解释：指一般工业固废综合利用量与一般工业固废产生量（包括综合利用往年贮存量）的比率。城市可根据实际情况，增加具体类别一般工业固废综合利用率作为自选指标，如煤矸石综合利用率、粉煤灰综合利用率等。该指标用于促进一般工业固废综合利用，减少工业资源、能源消耗。 计算方法：一般工业固废综合利用率（％）＝一般工业固废综合利用量÷（当年一般工业固废产生量＋综合利用往年贮存量）×100％
9	资源化利用	工业危险废物综合利用率	数据来源：市生态环境局。 指标解释：指工业危险废物综合利用量与工业危险废物产生量（包括综合利用往年贮存量）的比率。该指标用于促进工业危险废物综合利用，减少工业资源、能源消耗。 计算方法：工业危险废物综合利用率（％）＝工业危险废物综合利用量÷（当年工业危险废物产生量＋综合利用往年贮存量）×100％

序号	类别	指标	指 标 说 明
10	最终处置	工业危险废物填埋处置量下降幅度	数据来源：市生态环境局。 指标解释：指城市工业危险废物填埋处置量与基准年相比下降的幅度。该指标用于促进减少工业危险废物填埋处置量，提高工业危险废物资源化利用水平。 计算方法：工业危险废物填埋处置量下降幅度(%)＝(基准年工业危险废物填埋处置量－评价年工业危险废物填埋处置量)÷基准年工业危险废物填埋处置量×100%
11		一般工业固废贮存处置量下降幅度	数据来源：市生态环境局。 指标解释：指当年一般工业固废贮存处置量与基准年相比下降的幅度。该指标用于促进减少一般工业固废贮存处置量。 计算方法：一般工业固废贮存处置量下降幅度(%)＝(基准年一般工业固废贮存处置量－评价年一般工业固废贮存处置量)÷基准年一般工业固废贮存处置量×100%
12		完成大宗工业固废堆存场所(含尾矿库)综合整治的堆场数量占比	数据来源：市自然资源局、市生态环境局、市应急管理局。 指标解释：指完成综合整治的大宗工业固废堆存场所(含尾矿库)占比。大宗工业固废指我国各工业领域在生产活动中年产生量在 1000 万吨以上、对环境和安全影响较大的固体废物，主要包括：尾矿、煤矸石、粉煤灰、冶炼渣、工业副产石膏、赤泥和电石渣等。该指标用于促进大宗工业固废堆存场所的规范管理。 计算方法：完成大宗工业固废堆存场所(含尾矿库)综合整治的堆场数量占比(%)＝完成大宗工业固废堆存场所(含尾矿库)综合整治的堆场数量÷需要开展综合整治的堆场总数×100%

2.1.3　我国"无废城市"试点工业固废"无废"进展

2019 年 4 月，生态环境部会同相关部门共同筛选确定了"11＋5"个城市和地区作为"无废城市"试点，旨在探索可复制、可推广的"无废城市"建设模式。"无废城市"建设试点工作开展以来，试点城市和地区在工业固废管理领域的相关工作取得积极进展，初步形成一批可复制、可推广的示范模式和创新做法。下面列出了部分"无废城市"建设试点关于工业固废的做法和进展。

1. 绿色制造体系不断完善

全面推进绿色制造体系发展是减少资源加工使用环节固废的重要途径。以制造业为主的试点城市，将全面推进绿色制造体系建设作为推动工业绿色发展的重点任务，大力支持绿色产品、绿色工厂、绿色工业园区、绿色供应链建设，实现工业固废源头大幅减量。

北京经济技术开发区围绕区内京东方和北京奔驰两家龙头企业,构建了液晶显示器和汽车制造两条完整的绿色供应链,培育国家级绿色工厂12家;威海市建成24家绿色工厂、6家绿色供应链管理企业、2个绿色园区和14个绿色产品;深圳市狠抓全产业链绿色制造体系建设,建设24家国家级绿色工厂,完成4个绿色供应链认定和55个绿色产品认证,培育6家第三方绿色制造咨询服务机构,实现固废源头减量329吨/天;许昌市4家企业入选国家级绿色工厂,3家企业入选省级绿色工厂,9个产品入选国家级绿色设计产品,1个园区入选国家级绿色园区;绍兴市出台《绍兴市绿色制造体系评价办法》,全面构建绿色产品、绿色工厂、绿色园区、绿色供应链"四位一体"的绿色制造体系,累计创建国家级绿色园区1个,绿色工厂12家,绿色设计产品14个、绿色供应链企业1家,绿色制造系统集成项目4个、绿色设计示范企业1家。

2. 传统企业绿色转型成效显著

通过实施供给侧结构性改革,加速淘汰落后产能,推广先进技术工艺,推进传统产业转型升级,使工业固废产生强度显著降低。

威海市高技术、高效益、低消耗、低污染的"两高两低"产业比重明显提高,全市高新技术产业产值占规模以上工业总产值的比重达到60.13%,新能源和可再生能源装机占比30%,煤炭消费总量控制全省排名第一;盘锦市对传统企业进行生态改造,依托北燃公司光亮油项目生产高黏度润滑油,替代进口产品;依托盘锦石化企业开发丁基橡胶、丁苯橡胶、顺丁橡胶等产品,打造全国最大的合成橡胶产业基地;包头市统筹推进钢铁、有色、电力、稀土、煤化工等传统产业结构调整和升级改造,采取"调整存量、优化增量"的发展策略,积极引导企业延长产业链,加快向高值化、智能化方向发展,工业固废产生强度降低4.1%;许昌市采用先进技术工艺或设备,在再生金属、建材、化工等行业开展强制性清洁生产审核工作,完成天瑞集团许昌水泥有限公司等8家企业强制性清洁生产审核,完成河南豫昌塑业有限公司等4家企业自愿性清洁生产审核;西宁市积极优化化工、冶炼等传统产业结构,大力发展锂电产业和光伏光热产业,推动工业循环化、资源化、生态化发展,走"新能源"和"亲环境"绿色发展模式,单位国内生产总值(GDP)能耗同比下降7.5%,工业固废产生强度下降至0.85万元/吨。

3. 实施绿色矿山建设,创新生态修复

资源型城市由于长时间、高强度的资源开采挖掘,普遍存在地面塌陷、山体破坏、固废大量堆存等生态环境问题,开展绿色矿山建设和堆场整治是"无废城市"建设的必要任务。同时可以在确保环境安全的前提下,将大宗工业固废利用处置与生态修复有机结合,推动解决历史遗留废弃砂坑、矿坑、塌陷区等生态创伤问题,拓宽大宗工业固废利用处置渠道,建立"工业固废大幅消纳、环境风险总体可控、生态创伤有效治理"的协同解决模式。

许昌市将全市所有 78 个矿山纳入《许昌市绿色矿山建设计划台账》,推进辖区内禹州市、襄城县、建安区的矿山资源绿色开发。目前,已有 26 家矿山企业达到绿色矿山建设标准,同时积极开展工业固废堆存场所排查,完成 4 家单位的工业固废堆存场所整治,2020 年,工业固废堆存场所综合整治完成率、非正规垃圾堆放点整治完成率实现 100%;威海市加大了矿山关停力度,石材类矿山总数由 2005 年的 739 个压减到现在的 34 个,压减比例达 95%,市区周边采石场全部关停,新建矿山生产规模与资源储量相匹配,矿山资源开发利用秩序逐步规范合理,完成废弃矿山治理 34 处,正在施工的 56 处;绍兴市印发《绍兴市绿色矿山建设专项行动方案》,按照"企业主建、第三方评估、达标入库、信息公开"的绿色矿山建设评价程序,完成 29 座绿色矿山创建目标任务,大中型矿山全面达到绿色矿山建设要求和标准,实现绿色矿山"应建必建,新建必建";包头市按照内蒙古自治区绿色矿山三年推进计划及《包头市绿色矿山建设规划》的安排部署,目前已建成 3 家国家级绿色矿山和 5 家自治区级绿色矿山,到 2025 年实现所有矿山达到绿色矿山标准。

徐州市出台《黄淮海平原采煤沉陷区生态修复技术标准》《采石宕口生态修复技术标准》,先后对 19.72 万亩采煤塌陷地实施生态再造,建成了潘安湖湿地、九里湖湿地、督公湖等一批生态湿地公园,潘安湖采煤塌陷地治理成为全国生态修复的典范;铜陵市制定《废弃露采坑一般工业固废处置与生态修复技术规范》,利用遗留废弃采坑建设一般工业固废处置场,探索出"以废治废"、固体废物生态化利用新思路。

4. 打造循环产业链条,工业固废资源化利用得到促进

推行循环生产方式,构建企业、园区、行业间链接共生的循环产业体系,可有效减少原料使用和废物排放。试点城市以园区、基地为载体推动工业固废综合利用产业集聚发展,以物质流、能量流为媒介进行上下游产业链接共生,实现原料互供、资源共享、废弃物循环利用。

西宁市牢牢巩固粉煤灰、电石渣、炉渣、冶炼废渣等传统行业重点产废种类综合利用途径,积极培育青海新型建材工贸有限公司等综合利用龙头企业,电石渣、炉渣等综合利用率达到 100%,积极推动动力蓄电池、太阳能板等新产业

产废种类综合利用途径探索,通过巩固与提升,一般工业固废综合利用率稳定在93%以上;铜陵市围绕铜、硫磷化工、建材三大支柱产业着力构建循环产业链,利用尾砂、冶炼废渣、工业副产石膏等大宗固废综合利用生产纸面石膏板、水泥缓凝剂、预拌砂浆、蒸压加气砼砌块(板材)、多孔砖、矿山井下充填胶凝材料等系列产品,提高工业固废资源化利用率;重庆市发挥汽车产业集群优势,实施了包装废物重复循环利用一体化,采用水性漆代替油性漆清洁生产工艺,推进汽车铸造型砂综合利用、混合有机溶剂再生利用、报废汽车拆解、锂电池回收和资源化等关键补链项目,构建汽车产业循环产业链;瑞金市虽然工业基础薄弱,但其充分利用自身条件,坚持生态优先、绿色发展,依托龙头企业推动关联产业项目集中布局、集群发展,逐步打通废弃物综合利用产业链条,截至2020年年底,瑞金市已建成一批"无废"项目,包括废铜深加工、环保木塑、废旧玻璃拉丝等;徐州市积极打造绿色循环产业链,深入实施绿色工厂等绿色制造体系建设,13个工业园区实现循环化改造全覆盖,重点培育中联水泥、华润电力、花厅生物等一批资源循环利用龙头企业,重点打造新春兴、江昕轮胎等一批城市矿产利用骨干企业,初步建成绿色循环的共生体系。

2.1.4　我国"无废城市"试点工业固废"无废"难点和问题

1. 工业固废管理制度体系有待完善

2020年,新版《中华人民共和国固体废物污染环境防治法》实施后,虽然对工业固废在法律层面进行了完善,进一步堵塞了法律上的漏洞,增强了法律震慑力。但工业固废种类较多,相关管理工作涉及多个部门,相关部门间存在壁垒,缺乏成熟、稳定的联动与合作机制,部门之间信息未互联互通。在制度体系方面,综合管理体制机制构架初现雏形,但各类固体废物管理主要采用的是末端控制的管理模式,缺少覆盖准入控制、回收、利用至最终处理处置等各个环节的制度体系,导致固体废物管理未能形成闭路循环,而且管理权责仍未完全清晰、明确,全过程全方位制度体系建设差距仍然明显。

2. 工业固废历史堆存量高

我国工业固废主要集中在钢铁、有色金属、电力、化工等重工业及煤炭、矿产等采掘行业。对于资源型城市,不仅工业固废产生量居高不下,历史堆存问题也较为严重,如"11+5"试点城市和地区中的包头、铜陵和徐州等城市。以包头市为例,2020年,包头市一般工业固废产生量为5330.3万吨,综合利用量为2483万吨,综合利用率为46.58%,虽然较2018年提高了13.24%,但是综合利用水平仍然偏低,历史遗留的固体废物堆存量大。现存的综合利用途径及能力也局限于当年产生部分,兼顾历史遗留的固体废物的能力有限,本地区域自身消纳工业固废资源综合利用产品的竞争能力弱。同时,历史遗留的工业固废的种类、数量等未做相关统计工作,底数不清、庞大的历史堆存的消纳和综合利用的项目的规模难以规划。

3. 工业固废基础数据相对滞后

当前我国统计体系中,统计的一般工业固废种类有限,而且数据有 1~2 年的滞后,不利于根据实际情况对政策管理措施做出实时调整。虽然部分协会及相关组织也有少量统计和测算工作,能得出一些比较及时的数据,但方法不统一,口径也不一致,导致统计数据不准确且缺乏权威性,难以作为宏观指导的基础依据。

4. 资源化利用能力不强

规模化利用产品产能过剩。当前我国工业固废消纳利用的重点领域在建材行业,主要用于生产水泥、商品混凝土、新建墙体材料等。建材行业是可以大量消纳大宗工业固废的重点行业,但随着近几年的产能过剩,利用的工业固废含量却并未增加,而且建材产品受到市场容量和产品销售半径限制。

资源化利用关键技术未攻克。企业对工业固废的综合利用技术研发投入不足,缺少提高工业固废利用附加值的重大设备和技术,目前实验室阶段技术多,而真正能产业化的成熟技术少。

综合利用标准体系尚未健全。如在钛石膏综合利用方面,国家、地方和行业尚未建立相关的利用处置技术规范和综合利用产品标准体系,缺少可以实施的产业政策和技术方案。

区域发展水平失衡。在东部经济比较发达的地区,其工业固废产生量较少,且综合利用的水平比较高。但在中西部经济比较欠发达的地区,如西宁市,市场体量小,活跃度不够,龙头企业的领导力有限,很难形成规模化、标准化的示范效应。

2.2   我国工业固废管理体系

2.2.1   工业固废管理制度

我国工业固废的管理制度的建立是以 1996 年 4 月 1 日开始实施的《固体

废物污染环境防治法》为基础的,《固废法》在 2004 年和 2020 年均重新修订。最新的《固废法》确定了工业固废排污许可、产生者连带责任等管理制度,具体制度如下:

（1）工业固废管理部门职责

国务院生态环境主管部门对全国固废污染环境防治工作实施统一监督管理,地方人民政府生态环境主管部门对本行政区域固废污染环境防治工作实施统一监督管理。国务院生态环境主管部门应当会同国务院发展改革、工业和信息化等主管部门对工业固废对公众健康、生态环境的危害和影响程度等作出界定,制定防治工业固废污染环境的技术政策,组织推广先进的防治工业固废污染环境的生产工艺和设备。

（2）环境影响评价制度

《固废法》规定"建设产生固体废物的项目以及建设贮存、利用、处置固体废物的项目,必须依法进行环境影响评价,并遵守国家有关建设项目环境保护管理的规定"。环境影响评价主要根据《环境影响评价法》和《建设项目环境保护管理条例》进行。

（3）信息公开制度

《固废法》规定"产生、收集、贮存、运输、利用、处置固体废物的单位,应当依法及时公开固体废物污染环境防治信息,主动接受社会监督。"

（4）限期淘汰制度

我国工业固废污染很大程度上是由落后的生产工艺和设备造成的,必须从源头上控制工业固废的危害性。《固废法》规定"国务院工业和信息化主管部门应当会同国务院有关部门组织研究开发、推广减少工业固废产生量和降低工业固废危害性的生产工艺和设备,公布限期淘汰产生严重污染环境的工业固废的落后生产工艺、设备的名录。"

（5）排污许可制度

《固废法》规定"产生工业固废的单位应当取得排污许可证。产生工业固废的单位应当向所在地生态环境主管部门提供工业固废的种类、数量、流向、贮存、利用、处置等有关资料,以及减少工业固废产生、促进综合利用的具体措施,并执行排污许可管理制度的相关规定。"2016 年 11 月,国务院办公厅印发了《控制污染物排放许可制实施方案》,2021 年 3 月 1 日,国务院制定的《排污许可管理条例》正式实施。

（6）产生者污染环境防治责任制度

《固废法》规定"产生工业固废的单位应当建立健全工业固废产生、收集、贮存、运输、利用、处置全过程的污染环境防治责任制度,建立工业固废管理台账,如实记录产生工业固废的种类、数量、流向、贮存、利用、处置等信息,实现工业固废可追溯、可查询,并采取防治工业固废污染环境的措施。禁止向生活垃圾收集设施中投放工业固废。"与本制度相配套的《一般工业固废管理台账制定指南(试行)》于 2021 年 12 月 31 日由生态环境部办公厅发布执行。

(7) 委托和受委托运输、利用、处置工业固废制度

《固废法》规定"产生工业固废的单位委托他人运输、利用、处置工业固废的,应当对受托方的主体资格和技术能力进行核实,依法签订书面合同,在合同中约定污染防治要求。受托方运输、利用、处置工业固废,应当依照有关法律法规的规定和合同约定履行污染防治要求,并将运输、利用、处置情况告知产生工业固废的单位。"固废的治理责任不随着固废的转移而转移。

(8) 转移审批制度

《固废法》规定"转移固体废物出省、自治区、直辖市行政区域贮存、处置的,应当向固体废物移出地的省、自治区、直辖市人民政府生态环境主管部门提出申请。移出地的省、自治区、直辖市人民政府生态环境主管部门应当及时商经接受地的省、自治区、直辖市人民政府生态环境主管部门同意后,在规定期限内批准转移该固体废物出省、自治区、直辖市行政区域。未经批准的,不得转移。""转移固体废物出省、自治区、直辖市行政区域利用的,应当报固体废物移出地的省、自治区、直辖市人民政府生态环境主管部门备案。移出地的省、自治区、直辖市人民政府生态环境主管部门应当将备案信息通报接受地的省、自治区、直辖市人民政府生态环境主管部门。"

(9) 零进口制度

《固废法》规定"禁止中华人民共和国境外的固体废物进境倾倒、堆放、处置。""国家逐步实现固体废物零进口,由国务院生态环境主管部门会同国务院商务、发展改革、海关等主管部门组织实施。"我国逐步实现固体废物零进口,完全零进口后,将不再核发固体废物进口许可。

(10) 贮存处置规定

《固废法》规定"产生工业固废的单位应当根据经济、技术条件对工业固废加以利用;对暂时不利用或者不能利用的,应当按照国务院生态环境等主管部门的规定建设贮存设施、场所,安全分类存放,或者采取无害化处置措施。贮存工业固废应当采取符合国家环境保护标准的防护措施。建设工业固废贮存、处置的设施、场所,应当符合国家环境保护标准。"原则上产生工业固废的单位应当对其产生的所有工业固废均加以综合利用,只有在暂时不利用或者不能利用的情况下,才允许将该工业固废贮存或者处置。

（11）终止、变更规定

《固废法》规定"产生工业固废的单位终止的，应当在终止前对工业固废的贮存、处置的设施、场所采取污染防治措施，并对未处置的工业固废作出妥善处置，防止污染环境。产生工业固废的单位发生变更的，变更后的单位应当按照国家有关环境保护的规定对未处置的工业固废及其贮存、处置的设施、场所进行安全处置或者采取有效措施保证该设施、场所安全运行。变更前当事人对工业固废及其贮存、处置的设施、场所的污染防治责任另有约定的，从其约定；但是，不得免除当事人的污染防治义务。"

2.2.2　工业固废环境管理标准体系

我国根据工业固废管理现状和发展趋势，以改善环境质量为核心，全过程防范环境风险为目标，设计了相对完善的环境管理标准体系。针对工业固废的产生到最终处置的全过程管理，标准体系分为以下四种类型。

（1）废物管理属性判定标准

废物属性的判定是对废物进行环境管理的前提，是了解固体废物的分布、性质及污染途径、污染状况的基础。我国对于废物管理属性判定，主要依据2017年发布实施的《固体废物鉴别标准通则》（GB 34330—2017），该标准规定了依据产生来源的固废鉴别准则、在利用和处置过程中的固废鉴别准则、不作为固废管理的物质、不作为液态废物管理的物质及监督管理要求。

（2）工业固废通用处置利用技术污染控制标准

工业固废处置利用技术除了包括填埋、焚烧、金属回收、建材利用、工业窑炉协同处置等，这些技术的合理应用均需要相应的专门标准指导环境监管和污染控制。目前我国颁布的主要相关标准包括《固体废物处理处置工程技术导则》（HJ 2035—2013）、《一般工业固体废物贮存和填埋污染控制标准》（GB 18599—2020）、《水泥窑协同处置固体废物污染控制标准》等。

（3）不同类型工业固废处置利用污染控制标准

不同类型工业固废特性差异较大，相应的处理技术路线之间也不尽相同。为确保工业固废处置利用过程和产物的环境安全性，同时推动不同再生循环技术的发展，我国制定了一系列不同类型工业固废处置利用过程及产物进行污染控制的相关标准，包括废塑料、锰渣、废电池等工业固废。同时一些量大面广和社会关注度高的工业固废，如粉煤灰、煤矸石、脱硫石膏等的污染控制技术规范也在编制计划内。

（4）工业固废检测方法标准

为了满足工业固废样品的采集、预处理和检测的特殊要求，我国制定了专门的标准进行指导,如《工业固体废物采样制样技术规范》(HJ/T 20—1998)、《排污单位自行监测技术指南 工业固体废物和危险废物治理》(HJ 1250—2022)等。

我国现有的部分工业固废环境管理标准具体信息见表 2-2。

表 2-2 我国工业固废环境管理标准清单

序号	标准类型	标准名称	标准号	时间
1	废物管理属性判定标准	固体废物鉴别标准通则	GB 34330—2017	2017 年
2	工业固废通用处置利用技术污染控制标准	一般工业固体废物贮存和填埋污染控制标准	GB 18599—2020	2020 年
3		固体废物处理处置工程技术导则	HJ 2035—2013	2013 年
4		固体废物再生利用污染防治技术导则	HJ 1091—2020	2020 年
5		水泥窑协同处置固体废物污染控制标准	GB 30485—2013	2013 年
6		工业固体废物综合利用产品环境与质量安全评价技术导则	GB/T 32328—2015	2015 年
7		污染防治可行技术指南编制导则	HJ 2300—2018	2018 年
8	不同类型工业固废处置利用污染控制标准	废塑料污染控制技术规范	HJ 364—2022	2022 年
9		锰渣污染控制技术规范	HJ 1241—2022	2022 年
10		废铅蓄电池处理污染控制技术规范	HJ 519—2020	2020 年
11		废矿物油回收利用污染控制技术规范	HJ 607—2011	2011 年
12		不同工业污染防治可行技术指南(纺织工业、工业锅炉、涂油墨工业等)	HJ 1177—2021、HJ 1178—2021、HJ 1179—2021 等	2021 年
13	工业固废检测方法标准	工业固体废物采样制样技术规范	HJ/T 20—1998	1998 年
14		排污单位自行监测技术指南 工业固体废物和危险废物治理	HJ 1250—2022	2022 年
15		固体废物测定方法(水分和干物质含量、无机元素、热酌减率等)	HJ 1222—2021、HJ 1211—2021、HJ 1024—2019 等	2021 年

2.2.3 工业固废有关方针政策

近年来,在低碳化进程推进的带动下,我国出台优化了一系列政策措施,核心要求包括推动技术升级加快固废规模化高效利用、重点工业领域节能减碳、大力开展"无废城市"建设等。表 2-3 列出了 2021 年后我国工业固废相关方针政策。

表 2-3　我国工业固废相关方针政策

序号	文号/时间	文件名	发布单位	主 要 内 容
1	国发〔2021〕4 号（2021 年 2 月）	关于加快建立健全绿色低碳循环发展经济体系的指导意见	国务院	建设资源综合利用基地,促进工业固废综合利用。加强工业生产过程中危险废物管理
	2021 年 3 月	中华人民共和国国民经济和社会发展第十四个五年规划和 2035 远景目标纲要	全国人大	全面整治固废非法堆存,提升危险废弃物监管和风险防范能力。加强大宗固废综合利用,规范发展再制造产业
2	发改环资〔2021〕381 号（2021 年 3 月）	关于"十四五"大宗固体废弃物综合利用的指导意见	国家发改委、科技部、工信部等 10 部门	到 2025 年,煤矸石、粉煤灰、尾矿（共伴生矿）、冶炼渣、工业副产石膏、建筑垃圾、农作物秸秆等大宗固废的综合利用能力显著提升,利用规模不断扩大,新增大宗固废综合利用率达到 60%,存量大宗固废有序减少
3	发改办环资〔2021〕438 号（2021 年 6 月）	关于开展大宗固体废弃物综合利用示范的通知	国家发改委	到 2025 年,建设 50 个大宗固废综合利用示范基地,示范基地大宗固废综合利用率达到 75% 以上,对区域降碳支撑能力显著增强;培育 50 家综合利用骨干企业,实施示范引领行动,形成较强的创新引领、产业带动和降碳示范效应
4	发改环资〔2021〕969 号（2021 年 7 月）	"十四五"循环经济发展规划	国家发改委	循环型生产方式全面推行,绿色设计和清洁生产普遍推广,资源综合利用能力显著提升,资源循环型产业体系基本建立。资源利用效率大幅提高,再生资源对原生资源的替代比例进一步提高。到 2025 年,大宗固废综合利用率达到 60%

续表

序号	文号/时间	文件名	发布单位	主 要 内 容
5	国发〔2021〕23 号（2021 年 10 月）	2030 年前碳达峰行动方案	国务院	提高矿产资源综合开发利用水平和综合利用率，以煤矸石、粉煤灰、尾矿、共伴生矿、冶炼渣、工业副产石膏、建筑垃圾、农作物秸秆等大宗固废为重点，支持大掺量、规模化、高值化利用，鼓励应用于替代原生非金属矿、砂石等资源
6	环固体〔2021〕114 号（2021 年 11 月）	"十四五"时期"无废城市"建设工作方案	生态环境部、国家发改委、工信部等 18 部门	推动 100 个左右地级及以上城市开展"无废城市"建设，到 2025 年，"无废城市"固体废物产生强度较快下降，综合利用水平显著提升，无害化处置能力有效保障，减污降碳协同增效作用充分发挥
7	国办函〔2022〕7 号（2022 年 1 月）	关于加快推进城镇环境基础设施建设的指导意见	国家发改委、生态环境部、住建部等 4 部门	到 2025 年，固废处置及综合利用能力显著提升，利用规模不断扩大，新增大宗固体废物综合利用率达到 60%
8	工信部联节〔2022〕9 号（2022 年 1 月）	关于加快推动工业资源综合利用的实施方案	工信部、国家发改委、科技部等 8 部门	到 2025 年，钢铁、有色、化工等重点行业工业固废产生强度下降，大宗工业固废的综合利用水平显著提升，再生资源行业持续健康发展，工业资源综合利用率明显提升。力争大宗工业固废综合利用率达到 57%，其中，冶炼渣达到 73%，工业副产石膏达到 73%，赤泥综合利用水平有效提高

续表

序号	文号/时间	文件名	发布单位	主　要　内　容
9	2022 年 2 月	高耗能行业重点领域节能降碳改造升级实施指南（2022 年版）	国家发改委、工信部、生态环境部等 4 部门	对于能效在标杆水平特别是基准水平以下的企业加强能量系统优化、余热余压利用、污染物减排、固废综合利用和公辅设施改造，提高生产工艺和技术装备绿色化水平，提升资源能源利用效率
10	环固体〔2022〕17 号（2022 年 3 月）	关于进一步加强重金属污染防控的意见	生态环境部	对利用涉重金属固废的重点行业建设项目，特别是以历史遗留涉重金属固废为原料的，在满足利用固体废物种类、原料来源、建设地点、工艺设备和污染治理水平等必要条件并严格审批前提下，可在环评审批程序实行重金属污染物排放总量替代管理豁免

第3章

工业固废"无废"利用技术

3.1 采矿业固废"无废"利用技术

采矿业指对固体(如煤和矿物)、液体(如原油)或气体(如天然气)等自然产生的矿物的采掘,包括地下或地上采掘、矿井的运行,以及一般在矿址或矿址附近从事的旨在加工原材料的所有辅助性工作,如碾磨、选矿和处理,均属本类活动。采矿业产生的固废主要包括煤矸石及其他尾矿。

3.1.1 煤矸石

1. 概述

煤矸石是在煤炭开采和加工过程中排放的一种固废,它是伴随煤层一起生成的,硬度比煤高,颜色呈黑灰色,如图 3-1 所示。煤炭采掘和分选过程中都有煤矸石排出,一般每生产 1t 原煤就会产生 0.1~0.2t 煤矸石。煤矸石的具体来源可分为三个方面:①掘进过程中开凿出的矸石;②采煤过程中,煤层伴生的

图 3-1 煤矸石

矸石和部分顶、底板岩石;③煤炭洗选过程中排出的矸石,其大致产量分别占比
45%、35%和20%左右。

近年来,由于我国经济的迅速发展,煤炭消费量一直处于高位,导致煤矸石
年产量居高不下。根据全国大、中城市固体废物污染环境防治年报,我国重点
发表调查工业企业的煤矸石产量如图3-2所示。由于煤矸石排放量过大且有效
利用不足,未被利用的煤矸石堆存在地面,形成了矸石山。这导致我国煤矸石
堆存量逐年增加,目前累计堆存量超50亿吨,规模较大的矸石山已超过1900
座,占用土地50万亩以上。

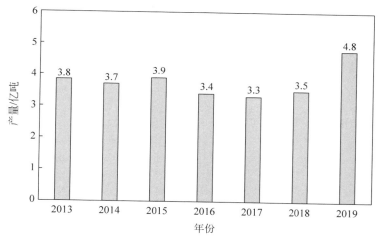

图3-2　我国重点发表调查工业企业煤矸石产量

煤矸石的堆存不仅会占用大量的土地,还会导致严重的环境污染,主要表
现在以下几个方面:

(1)自燃。我国多数大型煤矸石储存场地设计不科学,矸石堆放不稳固,煤
矸石中所含黄铁矿易被氧化放出热量,在矸石山内部形成一个高温高压的环
境,导致矸石山极易自燃,且复燃率高。不仅会释放出大量的 SO_2、CO、苯
并[a]芘、H_2S 等有害气体,同时释放大量的颗粒物和细颗粒物,严重污染矿区
和周边地区的空气环境。

(2)污染水源。煤矸石在长期堆存的过程中,其所含的重金属等有害物质,
如铅、镉、汞、砷、铬等可能会浸入土壤中造成地下水污染。此外,煤矸石产生的
粉尘也会随大气扩散污染地表水。

2. 煤矸石的性质组成

煤矸石的矿物组成与煤田地质条件和采煤技术紧密相关,一般由黏土矿物

（高岭土、膨润土、伊利石）、硫化铁、石英、金红石、勃姆石等组成。不同地区的煤矸石由不同种类的矿物组成，其化学含量差异也较为明显，我国常见煤矸石的化学成分见表 3-1。

表 3-1　我国常用煤矸石的化学组成范围

成分	C	S	SiO_2	Al_2O_3	CaO	Fe_2O_3	MgO	TiO_2	K_2O+Na_2O
含量范围（质量分数）/%	2～20	0.5～10	30～65	15～50	1～4	2～10	1～3	0.5～4	2～4

煤矸石的组成决定了其可能的利用途径，如含碳量较高的煤矸石具有高热值，一般先用作燃料，燃烧后的灰渣再作其他用途；硫含量大于 5% 的煤矸石可用来回收其中硫资源；铝硅比大于 0.5 的煤矸石，其矿物组成中通常富含高岭石，可塑性较好，可用于提取氧化铝或可用作制备高级陶瓷及分子筛的原料等。

3．煤矸石的综合利用途径

煤矸石堆存对生态环境有较大危害，国内外高度重视煤矸石的综合利用。相比之下，国外的起步较早，早在 20 世纪 60 年代末，煤矸石的综合利用就已受到广泛重视，德国、荷兰等国最先出台政策推动煤矸石综合利用。到 20 世纪 70 年代后期，德国、美国、日本等发达国家煤矸石的综合利用率已达到 30%～50%，其利用方式主要是矸石发电、用作工程填料和生产建筑材料。虽然我国在这一方面的研究工作与工业发达国家相比起步较晚，技术水平有一定差距，但近年来由于对环保工作的重视和科学技术的进步，煤矸石资源化综合利用越来越广阔，利用率不断提高。截至 2019 年，煤矸石的综合利用率已达到 60% 左右，煤矸石的综合利用量达到 3 亿吨以上，超过 1990 年处理量的十几倍，大大缩小了与工业发达国家煤矸石资源化技术水平的差距。就应用领域而言，煤矸石应用范围已非常广泛，其主要利用方式包括能量利用、有价成分提取、农业利用、制备建材原料和化工产品等。

4．典型技术——制备陶瓷材料

煤矸石的矿物组成主要包括高岭土、石英、蒙脱石、长石、伊利石等，这与莫来石、堇青石等陶瓷的组成相似，可以通过配料、烧结制备纯度较高的莫来石、堇青石陶瓷。由于煤矸石中含有大量杂质，一次烧结很难形成致密度较高的陶瓷材料，而二次烧结又将增加大量生产成本，因此煤矸石制备的陶瓷多为多孔陶瓷（图 3-3）。多孔陶瓷是具有一定孔结构的陶瓷材料，根据孔结构的不同、性能差异等，多孔陶瓷广泛应用于保温隔热、过滤催化、噪声吸收等各种领域。

图 3-3　多孔陶瓷

1）制备方法

利用煤矸石作为主要原料可通过固相法、溶胶-凝胶法、熔融盐法等方法制备陶瓷材料。

（1）固相法

固相法是通过原料混合、成型、烧结等制备多孔陶瓷，其孔径控制主要是通过造孔剂实现的，造孔剂可以使用木屑、煤等。

（2）溶胶-凝胶法

溶胶—凝胶法主要利用胶体粒子的堆积、凝胶处理和热处理等，在基体内部形成小气孔，构建可控的多孔结构。该方法产生的气孔多为纳米级，适合生产微孔陶瓷。

（3）熔融盐法

熔融盐法就是在反应体系中加入熔点相对较低且不与反应物作用的盐类，当反应温度超过这些盐的熔点时，熔盐为目标产物的合成提供液相环境；当反应结束、温度降至室温后，用合适的溶剂将熔盐洗涤过滤去除，干燥后得到目标产物粉体的合成工艺。

2）应用案例

以煤矸石、煤泥、木屑、玻璃粉等固废为主要原料，练伟等通过固相烧结法制备具有实用价值的多孔陶瓷，其中煤泥和木屑作为造孔剂，玻璃粉作为烧结助剂。主要制备流程为：将煤矸石粉碎后与其他原料加水混匀、陈化、压坯后烧结。最佳制备条件为：10％木屑、2％碳酸钠、2％水、4％玻璃粉，反应温度为1150℃，煤矸石与煤泥的比例为 7：3，煤矸石的粒径为 120 目。该条件下制备出的多孔莫来石陶瓷莫来石含量大于 64％、显气孔率大于 33％、体积密度大于 $1.71g/cm^3$、线收缩率小于 7.6％、抗压强度达到 28MPa，具有高力学性能，展现出了良好的应用前景。

3.1.2 尾矿

1. 概述

矿产资源是一种重要的非再生性自然资源,是人类社会赖以生存和发展的不可缺少的物质基础。当今世界 95% 以上的能源和 80% 以上的工业原料都取自矿产资源。我国大多数矿产资源的品位较低,必须要经过破碎、磨矿和分选等多道选矿工序,分选出有用元素含量高的精矿后才能继续加工利用。而尾矿是指矿山选矿过程中产生的有用成分含量低、在当前的技术经济条件下不宜进一步分选的固体废物,包括各种金属和非金属矿石的选矿(图 3-4)。

图 3-4　尾矿和尾矿库

我国重点发表调查工业企业尾矿产量如图 3-5 所示。近年来,尾矿的产量基本维持在 10 亿吨左右,而我国目前尾矿的综合利用率不到 30%,每年有超过 5 亿吨的尾矿堆存在尾矿库。据不完全统计,我国现有尾矿库 12000~15000 座,堆存量已达 200 亿吨以上,占用土地 1300 万亩以上。

尾矿的大量堆存还存在其他环境和安全风险。①破坏生态环境。尾矿储存于尾矿库过程中,尾矿中的重金属等污染物会渗入地下,污染周围水质及地下水源。当尾矿就近排入河道、山谷、低地时,会严重污染周围的水、土壤和大气环境。尾矿中污染物及残留的选矿药剂也会对生态环境造成严重危害。据统计,2006—2012 年我国环保部直接调度处理的尾矿库突发环境事件共 52 起,其中,24 起威胁饮用水源,占事件总数的 46%。②粉尘污染。由于我国金属矿山矿石中矿物普遍具有嵌布粒度细、共生复杂的特点,所以为获得高品位的精

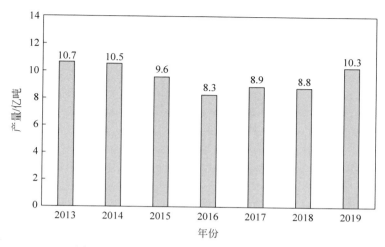

图 3-5 我国重点发表调查工业企业尾矿产量

矿,选矿之前需要对矿石进行细磨。因此我国尾矿粒度较细,多数矿山尾矿平均粒径为 $0.04\sim0.15$mm,这使得尾矿风化现象严重,产生二次扬尘。如原冶金部曾对 9 个重点选矿厂调查,尾矿粉尘使周围土地砂化,造成 235.5 公顷农田绝产,268.7 公顷农田减产。③安全隐患。尾矿库存在输送系统泄漏、排洪设施堵塞或损坏、渗漏、坝体管涌、裂缝、溃坝等安全风险。2001—2014 年我国共发生 90 起尾矿库事故,造成 368 人死亡。

2. 尾矿的性质组成

尾矿的形态和物理性质与细砂相似,属于惰性材料,但因含有一些金属矿物,其矿物成分比砂子复杂得多。大量的国内外尾矿化学成分分析结果表明,尽管它们的常量组分类型十分相似,一般包括 SiO_2、Al_2O_3、Fe_2O_3、CaO、MgO、K_2O 和 Na_2O 等,但上述组分的含量可有很大的差别,微量元素组成差异则更加显著。不同矿产资源产生的尾矿的矿物组成差异明显,按常见矿石种类分类,尾矿大致可以分为以下四类,见表 3-2。不同矿石种类的尾矿特性差异较大,资源化利用途径也有较大区别。

表 3-2 典型尾矿矿物组成

种 类	代表型	主要矿物组成	特 点
黑色金属矿尾矿	铁、锰、铬尾矿	硅酸盐类矿物	铁含量高
有色金属矿尾矿	铜、铅、锌、镍 等尾矿	黄铁矿、硅石、长石、云母和其他硅酸盐类矿物	砷、铅等重金属含量高

续表

种类	代表型	主要矿物组成	特 点
稀贵金属矿尾矿	金、银、钨、钼、钽、铌等尾矿	常伴多种有色金属,其他与有色金属尾矿相似	少部分含有较多的萤石、方解石等非硅酸盐类矿物
非金属矿尾矿	长石、石英、高岭土等尾矿	硅酸盐或碳酸盐类矿物	含有毒、有害杂质的非金属矿尾矿很少,堆存过程中易被土壤化,风险较小

3. 尾矿的综合利用途径

尾矿虽然是矿山排出的固体废物,但同时又是潜在的二次资源,如果能对其进行有效的开发利用,则可以节约资源、保护环境、提高矿山经济效益,实现合理配置资源和环境的可持续发展。对于尾矿的综合利用,国外起步较早,早在 20 世纪 60 年代,苏联、美国、加拿大、澳大利亚、日本、德国、英国等国就着手对长期堆存的尾矿进行开发利用及生态恢复和治理,投入大量经费,建立了一批二次选矿厂,逐步形成了"二次原料工业"。到如今,国外发达国家如德国对尾矿在内的利用率已达 80% 以上,美国、澳大利亚等国尾矿生态复原和复垦率达 80%。我国直到 20 世纪 90 年代才对尾矿的综合利用真正系统地进行,比发达国家晚了几十年。但近十多年来,随着《循环经济促进法》《金属尾矿综合利用专项规划》《大宗工业固废综合利用规划》("十二五""十三五""十四五")等政策规划的发布、绿色矿山建设的推进,我国矿产资源综合利用及矿山环境治理已经快速起步并取得了很大成绩,有数据显示我国矿产资源综合利用的金属量占全国金属总产量的 15%,全国 35% 的黄金、90% 的银、75% 的硫铁矿、50% 以上的钒、碲、镓、铟、锗及大部分铂族元素来自综合利用。目前,国内尾矿资源综合利用的途径主要有二次回收和整体利用。二次回收可以回收其中的有用矿物,为矿山企业创造经济效益。整体利用方面,矿山尾矿资源中 80% 以上是非金属矿物,所含成分与建材、无机化工、轻工业等非金属原材料相似,经过适当加工可作为建材、无机化工、轻工业等非金属材料的原材料,还可以用于充填采空区,土地复垦等方面。

4. 典型技术——分选回收有价金属

许多尾矿含有可回收利用的有价成分,如铁尾矿中含有多种可回收利用的有色金属和铁金属。而分选技术是利用废物组成中各种物质的性质差异,如粒度、密度、磁性、光电性、摩擦性及表面润滑性等,将废物中的有价成分选出来。

1) 分选方法

(1) 重力分选

重力分选是根据固废中不同物质颗粒间的密度或粒度差异,在运动介质中受到重力、介质动力和机械力的作用,使颗粒群产生松散分层和迁移分离,从而得到不同密度或粒度产品。重力分选介质包括空气、水、重液和重悬浮液。按分选介质的不同,固废的重力分选可分为风力分选、跳汰分选、摇床分选和重介质分选。

(2) 磁力分选

磁力分选是利用固废中各种物质的磁性差异在不均匀磁场中进行分离的方法(图 3-6)。固体废物进入磁选机后,磁性颗粒在不均匀磁场作用下被磁化,从而受到磁场吸引力的作用,磁性颗粒吸在圆筒上,并随圆筒进入排料端排出。非磁性颗粒由于所受的磁场力作用很小,仍留在废物中而被排出。

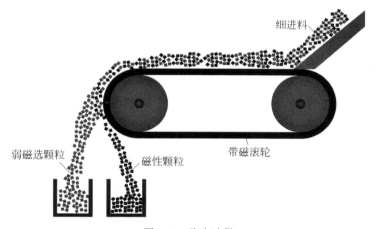

图 3-6 磁选过程

(3) 电力分选

电力分选是利用固废中各种组分在高压电场中电性的差异而实现分选的一种方法。物质根据其导电性,分为导体、半导体和绝缘体三种。大多数固废属于半导体和绝缘体,因此电选实际是分离半导体和绝缘体的固废分选过程。

(4) 浮选

浮选是利用固废表面物理化学性质的差异来分离各种细粒的方法。浮选前固废磨碎到符合浮选所要求的粒度,使有用矿物基本上达到单体解离。浮选时添加浮选药剂并往矿浆中导入空气,形成大量的气泡,不易被水润湿的,即通常称为疏水性矿物的颗粒附着在气泡上,随同气泡上浮到矿浆表面形成矿化泡沫层;而那些容易被水润湿的,即通常称为亲水性矿物的颗粒,不能附着在气泡上而留在矿浆中。将矿化泡沫排出,即达到分选的目的。浮选过程如图 3-7 所示。

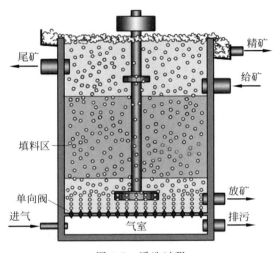

图 3-7　浮选过程

2)应用案例

据有关部门统计,我国铁尾矿量已近 80 亿吨,并且以 5 亿吨/年的速度增长,铁尾矿中含有丰富的铁,因此既是矿山的固体废弃物,也是一种宝贵的资源。

以我国最重要的铁矿类型和开采较为广泛的鞍山式铁矿石为例,某铁尾矿中的铁品位为 19.5%,铁矿物主要为赤铁矿和磁铁矿,脉石矿物主要为石英。对于该尾矿,可采用重选—磁选—反浮选联合流程回收其中的铁。具体流程如下:先采用螺旋溜槽进行重选,所得重选为最终铁精矿,所得中矿进入磁选进行选别,所得尾矿直接抛出;重选中矿采用弱磁选—强磁选联合流程,弱磁选采用湿式筒式弱磁选机,强磁选采用立环脉动高梯度磁选机,其中弱磁选磁场磁感应强度为 119.37kA/m,强磁选磁场磁感应强度为 477.48kA/m,磁选工序所得混合磁选精矿作为浮选作业的给矿,所得尾矿并入综合尾矿中;磁选精矿进入浮选工艺,采用阴离子反浮选流程,使用的浮选抑制剂为淀粉,浮选捕收剂为脂肪酸。使用该工艺获得产率为 15.99%、铁含量为 63.50%、回收率为 52.07% 的铁精矿,基本达到了对该铁尾矿中铁元素有效回收的目的。

3.2　冶金工业固废"无废"利用技术

冶金工业是指开采、精选、烧结金属矿石并对其进行冶炼、加工成金属材料的工业部门,包括钢铁冶金,即生产冶炼生铁、钢、钢材、工业纯铁和铁合金的工业;有色冶金,即生产冶炼非黑色金属包括铜、铝、铅锌、镍钴等金属的工业。冶金工业产生的主要固废包括高炉渣、钢渣、赤泥、金属氧化物废物及其他冶炼废物。

3.2.1　高炉渣

1. 概述

高炉渣是指在高炉炼铁过程中由矿石中的脉石、燃料中的灰分和溶剂(一般是石灰石)形成的固体废物,包括炼铁和化铁冲天炉产生的废渣(图3-8)。高炉炼铁工艺相对简单,产量大,而且劳动生产率高,是现代炼铁的主要方法,全世界95%以上的铁矿石都是采用高炉法进行冶炼的。根据矿石的品位,每生产1t生铁产生0.3～1t高炉渣,高炉渣的产生量大概占冶炼废渣的50%。图3-9是近年我国重点发表调查工业企业的冶炼废渣产生量,据此可知,我国重点发表调查工业企业的高炉渣的年产量在2亿吨左右。

图3-8　高炉渣

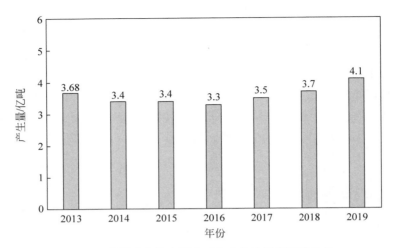

图 3-9　我国重点发表调查工业企业冶炼废渣产生量

2. 高炉渣的性质组成

高炉渣主要是由铁矿石中的 SiO_2、Al_2O_3、CaO、MgO 等成分发生反应生成的硅酸盐熔融物遇水或空气冷却后形成的,外观上表现为具有较多无规则孔隙结构的粒状物。由于炼铁原料及操作工艺不同,矿渣的组成和性质也存在较大差异,根据高炉渣化学成分中的碱性氧化物含量,可以将高炉渣分为碱性矿渣、中性矿渣和酸性矿渣。碱性高炉渣中最常见的矿物有尖晶石、硅钙石、黄长石等;酸性高炉渣矿物的形成取决于其冷却的速度,当冷却速度较快时全部凝结成玻璃体,冷却时间较慢时会出现结晶的矿物相,如斜长石、假硅石灰和黄长石。

根据高炉渣中不同成分含量又可以将高炉渣分为普通渣、含钛渣和锰铁渣,不同类型的高炉渣主要成分见表 3-3。

表 3-3　不同高炉渣主要成分　　　　　　　　　　　　　　%

种类	CaO	SiO_2	Al_2O_3	MgO	MnO	Fe_2O_3	TiO_2	V_2O_5	S
普通渣	38~39	26~42	6~17	1~10	0.1~1	0.2~2			0.1~1.5
含钛渣	23~46	20~35	9~15	2~10		<1	5~30	0.1~0.6	<1
锰铁渣	28~47	21~37	11~24	2~8	5~23	1~3			0.3~3

3．高炉渣的综合利用途径

高炉渣作为钢铁冶炼行业的一种主要副产物,国外对其开展资源化利用研究已有 100 多年历史,日本、美国及欧洲部分国家对高炉渣的利用研究起步较早,对高炉渣的综合利用率可达 100％。相比之下,我国高炉渣综合利用率仅为 80％左右,其中约 50％被用作矿渣粉,20％被用于制备水泥。我国高炉渣的主要利用途径为基础建材产品,也有一部分应用于微晶玻璃等新型材料、提取钛元素、制备农业硅肥等。

4．典型技术——火法提钛

钒钛磁铁矿经过高炉炼铁后会产生大量的含钛高炉渣,其中 TiO_2 含量在 20％～24％,是一种宝贵的钛资源,据统计目前我国含钛高炉渣堆存量已经达到 8000 万吨。随着钛资源的日益短缺,从含钛高炉渣中提取钛资源已经成为含钛高炉渣资源化再利用的重要途径之一。当前,含钛高炉渣提钛方法主要分为 4 类,分别是火法冶金、湿法冶金、矿物加工方法、电解法。其中火法冶金已经进行了工业试验,是未来的发展方向。

1）火法提钛方法

（1）高温碳化

碳化法可在高温条件下将高炉渣中的含钛化合物转化为 TiC。TiC 性能优异,熔点高、硬度高、导电导热性好、密度小,是一种应用广泛的材料。生成的 TiC 可以通过分离回收,也可以氯化 TiC 制取 $TiCl_4$。根据反应压力不同,高温碳化提钛分为常压高温碳化提钛与真空高温碳化提钛两种工艺。

（2）硫酸铵熔融法

硫酸铵熔融法是指通过含钛高炉渣混合硫酸铵高温熔融,将钛组分转化为水溶性物质从而提取钛。硫酸铵熔融法工艺简单、原料廉价易得、钛回收率高,所得含钛滤液可经氨水沉淀法制备 TiO_2,滤渣也可用于建筑材料。

（3）碳热钠化法

碳热钠化法是在含钛高炉渣中添加钠化剂,加热过程中铁氧化物的还原与钛的钠化同步进行,将反应产物进行碱液浸出,浸出残渣经磁选后可回收铁元素,调整浸出液中硅/铝可以去除浸出液中硅、铝等杂质元素,浸出液可以通过熔融电解制备金属钛,从而实现钛、钒元素和钠化剂的回收。

（4）碱熔盐法

碱熔盐法是使用强碱与含钛高炉渣中的钛组分在高温下反应生成水溶性物质,然后经过水浸、水解和煅烧等工艺获得钛白粉的方法。

2）应用案例

某钢铁集团开发了一种快速还原熔炼含钛高炉渣的工艺。其工艺路线为：将还原剂与刚出炉的热含钛高炉渣混合后加入还原炉，在 1500～1650℃进行预还原；预还原后将温度升至 1600～1750℃，补加还原剂进一步高温还原熔炼；熔炼结束后停止加热，得到 TiC 炉渣；TiC 炉渣经过常温磁选后获得 TiC 精矿；TiC 精矿再通过 400～550℃的低温氯化得到 $TiCl_4$；$TiCl_4$ 经金属镁还原后得到海绵钛；最后海绵钛经真空熔炼后得到金属钛。使用此工艺处理 TiO_2 含量为 33%，其余为硅、铝、钙、镁氧化物的高炉渣，最终含钛高炉渣中 TiO_2 转化为 TiC 的转化率达到 90%，转化后的碳化钛炉渣中含 TiC 22%，破碎磁选后的 TiC 精矿中 TiC 的含量达到 47%，具有较好的应用效果。但工艺存在周期长、还原温度过高、电耗高、泡沫化严重等问题，因此生产成本较高，工业化推广受限。

3.2.2 钢渣

1. 概述

钢渣指在炼钢过程中排出的固体废物，包括转炉渣、平炉渣、电炉渣等。钢渣是在 1600～1700℃的高温炼钢过程中，通过氧气或空气将生铁中的碳、硅、硫、磷、锰等杂质与石灰石为主的熔剂共同反应生成熔渣，再经过冷却结晶形成的，多数呈灰黑色（图 3-10）。钢渣的产量为生铁产生量的 10%～20%，我国钢铁工业发展迅速，根据资料显示，2020 年我国粗钢产量为 10.53 亿吨，同时伴随

图 3-10　电炉渣

着 1.1 亿～2.1 亿吨钢渣产生。我国钢渣利用率较低,每年有大量的钢渣剩余,尚未利用的钢渣累计堆存量在 2018 年末就已超 18 亿吨,不仅造成了资源的大量浪费,而且还占用土地、污染环境。

2. 钢渣的性质组成

钢渣的来源可以大致分为以下四个方面:①金属料中硅、锰、磷与少量铁氧化后生成的氧化物;②为了使炉渣具备所需要的性质,向炉内加入的造渣材料,如石灰、萤石、白云石等;③被侵蚀、剥落下来的炉衬或补炉材料,主要是氧化钙、氧化镁等;④炉料带入的泥沙等。因此钢渣的成分由炉型、原材料、冶炼工艺、冶炼添加剂等共同决定,不同钢铁厂的钢渣组成差异较大,表 3-4 列举了国内部分炼钢厂的钢渣的化学组成。钢渣的形成过程与水泥熟料的烧制过程相似,其矿物组成也相近。钢渣矿物组成主要分为活性相和非活性相两大类。活性相的矿物组成主要为硅酸三钙、硅酸二钙、铝酸钙和铁铝酸钙等。非活性相的矿物组成主要为 MgO、FeO 和 MnO 等形成的固溶体和铁酸钙。活性类矿物相具有潜在的水化性,为制备胶凝材料提供了可能。

表 3-4　国内部分炼钢厂钢渣的化学组成　　　　　　　%

钢厂	CaO	SiO_2	Al_2O_3	MgO	Fe_2O_3
宝钢	45～49	8～15	0.9～3	5～7	8～20
昆钢	40～42	13～15	8～9	19～22	10～12
太钢	38～49	8～15	0.6～2	4～8	6～20
攀钢	40～42	8～11	1～3	5～9	8～19
鞍钢	50～54	7～12	0.5～2	5～9	8～18

3. 钢渣的综合利用途径

根据钢渣的特性,钢渣要实现综合利用,必须先进行预处理,目的有以下三个方面:一是彻底消解渣中的钙镁氧化物,使渣稳定化;二是高效率渣铁分离,富集含铁料返回冶炼生产;三是分离后的尾渣进行资源化利用。预处理的方法主要包括热闷法、陈化法、热泼法、滚筒法、风淬法、水淬法等。

发达国家的钢渣利用领域基本一致,主要集中在钢渣内部消耗、道路、水泥、建筑、土木工程,尤其是钢渣在道路方面和钢厂内循环方面的使用,钢渣利用率大都在 90% 以上,尤其是日本,利用率高达 98%。相比于发达国家,我国目前对于钢渣的综合利用率低,尤其是素有"劣质水泥熟料"之称的转炉钢渣的利用率仅为约 20%,距离钢铁企业实现"无废"的目标尚远。为提高钢渣综合利用率,减轻钢渣堆积对环境造成的压力,近年来我国相关政府部门及行业出台了一系列政策与法规,比如国家发展和改革委员会及工业和信息化部联合发出的《关于推进大宗固体废弃物综合利用产业集聚发展的通知》中提到积极推动钢渣及尾渣深度研究、分级利用、优质优用和规模化利用,以及 2018 年 1 月 1 日正式实施的《环境保护税法》明确指出对钢铁企业产生且未处置的钢渣每吨征收 25 元的环保税。这些政策法规极大地促进了钢铁企业加强钢渣处理,从而大幅提高钢渣利用率,截至目前,根据中国钢铁工业协会数据,近十多年我国重点钢铁企业钢渣利用率不断上升,中国钢铁工业协会会员企业钢渣利用率均达到 90% 以上。国内钢渣的利用主要在返回钢铁冶炼循环利用、胶凝材料的制备、酸性土壤改良剂、处理废水和回填材料等。

4. 典型技术——制备新型水泥

钢渣因其潜在水硬性高、产量大、成本低,并且含有相当数量的近似水泥熟料组成的矿物而成为水泥生产中首选原材料,在熟料煅烧中可起到诱导结晶、加速助熔的作用,使水泥生产实现优质、高产和低耗。利用钢渣来制备硅酸盐水泥熟料可以实现资源有效利用,既节约了大量宝贵自然资源,同时降低了水泥生产成本,具有广阔的应用前景。

(1) 制备复合掺合料

在实际生产过程中,利用钢渣与其他固废化学元素互补的特性,采用不同固废配制复合矿物掺合料,可获得力学性能优异的新型水泥。如铅锌尾矿中含有大量二氧化硅,并且其中含有的部分微量组分对水泥的煅烧具有矿化剂的作用,可降低熟料烧成温度,因此能够取代黏土作为硅质原料使用。陈苗苗等以钢渣、石灰石、粉煤灰、铅锌尾矿为原料,粉磨后在 1450℃ 下烧成 30min 后制备出了性能优异的硅酸盐水泥。水泥熟料的 28d 强度达到了 60.4MPa,且熟料的标准稠度、初凝时间、终凝时间均符合国家标准。通过 SEM 分析样品熟料显示,主要矿物为硅酸三钙(C_3S)、硅酸二钙(C_2S),硅酸盐矿物(C_3S 和 C_2S)质量分数大于 75%。此外,钢渣还可以跟多种掺合料一起掺合,其效应能叠加,形成一种形态效应的复合,提高掺合料的各项性能。顾晓薇等以钢渣-磷渣粉-锂渣复合组成一种复合掺合料,当复掺比例为 5∶1∶4 时,砂浆抗压强度最高,28d 砂浆抗压强度为 37.21MPa。

(2) 制备磷酸盐水泥

磷酸盐水泥是一种区别于传统硅酸盐水泥的新型无机水泥,是通过将金属氧化物(如 MgO、CaO、FeO)与磷酸/酸式磷酸盐及添加剂、矿物掺合料等按照一定比例,以水为介质,通过酸碱反应,生成以磷酸盐为黏结相的新型无机水泥。磷酸盐水泥是一种具有良好生物相容性和环境相容性的绿色水泥。钢渣中富含的金属氧化物能够提供一定数量的磷酸盐水泥反应所需的金属阳离子,因此钢渣也可应用在磷酸盐水泥的生产中。马越等以云南省某钢铁厂生产的转炉钢渣为原料,粉磨至 120 目以下与磷酸二氢铵和硼砂在自然条件下通过酸碱化学反应制备出钢渣基磷酸盐水泥,当硼砂掺量为 3.0% 时,钢渣和磷酸二氢铵的比例为 6,水泥抗压强度最高,胶凝材料 1d、3d、7d、28d 的抗压强度分别为 13.5MPa、20.8MPa、25.9MPa、28.3MPa,凝结时间为 10.3min。

3.2.3 赤泥

1. 概述

赤泥是指从铝土矿中生产氧化铝过程中产生的含氧化铝、二氧化硅、氧化铁等的废物,因含有大量氧化铁,外观与赤色泥土相似,故被称作赤泥(图 3-11)。赤泥颗粒粒径一般在 $0.088 \sim 0.250$mm,密度为 $0.8 \sim 1.0$g/cm^3,熔点在 $1200 \sim 1250$℃,因碱性物质含量较高,赤泥的 pH 值较高,pH 值为 $10.29 \sim 11.83$,属于强碱性土。

图 3-11 赤泥

近年来全球氧化铝产量逐年增加,2020 年全球氧化铝产量达 1.34 亿吨,我国是世界上最大的氧化铝生产国,产量达 0.73 亿吨,占全球氧化铝产量的 54.5%。赤泥产量因矿石品位、生产方法和技术水平而异,目前大多数生产厂家每生产 1t 氧化铝将附带产生 $0.8 \sim 1.5$t 赤泥,由此估算 2020 年,我国赤泥产量约为 1 亿吨。

我国赤泥的综合利用率一直维持在较低水平,从 2011 年以来赤泥综合利用率远远低于其他大宗工业固废综合利用水平,基本在 5% 以下,2018 年的综合利用量仅为 450 万吨,远小于年新产生量。这使得赤泥大量堆存,据估算,当前我国赤泥堆存量约为 6 亿吨,并以上亿吨每年的速率增加。堆场占用大量土地,破坏植被,而且赤泥碱性强、盐分高,污染周围土壤与水体,尤其在恶劣气候条件下易引发溃坝,严重威胁周边环境及居民生产和生活安全,必须得到有效处理。

2. 赤泥的性质组成

根据氧化铝的不同生产方法,赤泥分为烧结法赤泥、拜耳法赤泥及混联法赤泥。拜耳法赤泥是指使用强碱 NaOH 处理铝土矿,即采用强碱溶液冶炼氧化铝,溶出高铝、高铁、一水软铝石型和三水软铝石型铝土矿,再经过各种工序使分离出矿石中的不溶性残渣;烧结法赤泥是指将铝土矿与碱粉、石灰再配一定量的碳酸钠,然后进行高温煅烧,制成以铝酸钠为主的熟料,再经过溶解、结晶等工艺处理,分离后的废弃残渣;混联法赤泥是指以拜耳法排出的赤泥为原料,再采用烧结法提炼氧化铝,最后排出的残渣。目前我国氧化铝的产生工艺主要以拜耳法为主,拜耳法赤泥占赤泥产生总量的 90% 以上。赤泥的化学成分主要有 SiO_2、CaO、Al_2O_3、Fe_2O_3、MgO、Na_2O、K_2O 和 TiO_2,但由于铝土矿的成分和生产工艺的影响,不同类型的赤泥化学成分差异较大,见表 3-5。赤泥的矿物成分也非常复杂,主要为水软铝石、高岭石、石英、赤铁矿、方解石等。此外铝土矿中常混有锆石和独居石,而这两种矿石中通常有铀、钍等放射性元素。在使用铝土矿生产氧化铝的过程中,90% 以上的放射性元素都富集在赤泥中,从而导致赤泥的放射性普遍偏高。

表 3-5　不同类型赤泥化学组成　　　　　　　　%

赤泥类型	SiO_2	CaO	Al_2O_3	Fe_2O_3	MgO	Na_2O	K_2O	TiO_2
拜耳法赤泥	45～49	8～15	0.9～3	5～7	8～20	4～8		3～8
烧结法赤泥	40～42	13～15	8～9	19～22	10～12	2～4	0.2～0.5	3～6
混联法赤泥	50～54	7～12	0.5～2	5～9	8～18	2～6	0.3～0.8	5～10

3. 赤泥的综合利用途径

由于赤泥高碱及放射性等问题,赤泥的综合利用面临着巨大挑战。但是赤泥中也含有较高利用价值的有价元素,包括含有丰富的稀土元素,如钪、镧、铈、钕、钐等,而且具有很多优良性质,是一种廉价并且值得开发利用的二次资源。另外,随着氧化铝产业的持续快速发展,铝土矿资源供应日趋紧张和环保压力日趋严峻,倒逼氧化铝企业推进赤泥的回收利用。推动赤泥综合利用是解决赤泥问题的最佳路径。我国自"十二五"以来就高度重视赤泥综合利用,做了大量工作,取得了一定的成果。相关部门出台了一系列政策,从"十二五"时期工业和信息化部联合印发《赤泥综合利用指导意见》,到"十三五"时期出台的《工业绿色发展规划(2016—2020 年)》《关于推进大宗固体废弃物综合利用产业集聚发展的通知》"无废城市"建设等政策,都对赤泥综合利用提出了要求。此外,2015 年出台的《资源综合利用产品和劳务增值税优惠目录》提出,对符合技术标准和相关条件的赤泥综合利用产品给予 50% 的退税优惠。目前,我国对赤泥的综合利用研究实践主要集中在以下四个方面:一是提取有价金属(铁、铝及稀有金属等),二是制备建材(水泥、砖及路基材料、岩棉等),三是应用于环保领域(废气、污水处理的净化剂、吸附剂等),四是用作土壤改良剂。

4. 典型技术——湿法提钪

钪作为一种稀土元素,自然界中已知的含钪矿物种类达 800 多种,但是独立存在的钪矿物资源比较少,主要赋存于铝土矿、钛铁矿和磷块岩中,其中存在于铝土矿中的钪占总量的 75%～80%。而在铝土矿精炼过程中又有超过 98% 的钪被富集到了赤泥,其氧化钪的最高含量达 0.02%。随着众多新兴行业的快速发展,对于轻型高强度铝合金中重要组分钪的需求量越来越大,预计到 2023 年,钪的需求量可达 3000t/a。为应对未来钪需求量的不断增长,应把赤泥视为钪的直接来源。湿法冶金工艺具有技术简单、流程短、成本及能耗低等优点,是现阶段赤泥提钪的主要方法。

（1）常规酸浸法

酸浸法一般利用无机酸或混酸对赤泥进行浸出,使赤泥中的钪元素以无机酸盐的形式进入酸浸液,之后再通过一系列的工序提取浸出液中的钪元素,通常采用盐酸、硫酸、磷酸、硝酸作为浸出剂。姜武以广西平果铝厂的拜耳法赤泥为原料,采用两段酸浸提钪。通过一段酸浸使赤泥中大部分钠、钙溶出,二段酸浸在液固比为 8∶1、盐酸浓度为 3.49mol/L、浸出时间为 2h、温度为 70℃的条件下,得到钪的浸出率为 73.49%。

（2）钛白废酸浸出法

目前钛白粉行业所产生废酸中的含钪量为 10～30mg/L,具有一定的回收和利用价值,利用钛白废酸浸出赤泥,在降低酸耗的同时也增加了钪的提取量,可以综合回收赤泥和废酸中的钪,有一定应用前景。樊艳金等以广西某铝厂的赤泥为原料、钛白粉厂的钛白废酸为浸出剂。在液固比为 4.5∶1、钛白废酸浓度为 1.8mol/L、浸出时间为 1h 的条件下,得到钪浸出率为 62.0% 的浸出液,再经萃取、沉淀、煅烧及精制提纯后,得到纯度为 99.99% 的氧化钪。

（3）生物浸出法

生物浸出法主要利用微生物或微生物的代谢产物及矿化作用,发生氧化还原、吸附、分解等直接或者间接作用,使赤泥中的金属元素得到浸取。与常规的化学工艺相比,生物浸出法具有反应温和、工艺简单、环境友好等优点。Qu 等以贵州中铝赤泥为原料,以从赤泥中分离出的一种丝状产酸真菌 RM-10 为生物浸出剂,在 2% 的矿浆浓度下,通过一步生物浸出,得到了钪的浸出率为 75% 的浸出液。

（4）溶剂萃取

萃取是利用有机溶剂从不相容的液相中把某种物质提取处理的方法,其实质是物质在水相和有机相中溶解分配的过程。萃取用来从水相或非水相废物流中去除或回收有机溶质。溶剂萃取是从赤泥酸浸液中提钪应用较多的方法,具有处理量大、操作简单等优点。而且随着各种新型萃取药剂的研发与发展,溶剂萃取的应用也越来越多,赤泥酸浸液中钪的萃取效果也得到明显改善。钪的萃取剂有磷酸类萃取剂、羧酸类萃取剂、中性磷萃取剂等。Le 等利用中性磷萃取剂 Cextrant 230 从赤泥的硫酸浸出液中回收钪,钪的萃取率超过了 90%,萃取的主要流程如图 3-12 所示。

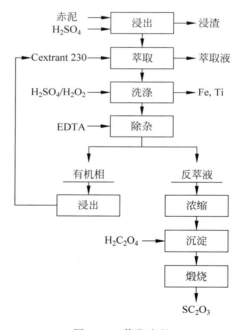

图 3-12　萃取流程

（5）离子交换法

离子交换法是通过离子交换剂与浸出液中离子之间发生交换反应,从而使离子产生分离的方法,具有工艺简单、环境污染小等优点。可用于赤泥浸出液中钪与其他性质相似、结构复杂的有机化合物的分离,常用的离子交换剂有离子交换树脂、螯合树脂等。Zhu 等利用离子交换法和溶剂萃取法从赤泥浸出液中提取钒、钪,最终从浸出液中选择性地吸附了超过 99％的钒,并萃取了超过99％的钪。

3.3　化学工业固废"无废"利用技术

化学工业是指生产过程中化学方法占主要地位的过程工业,包括基本化学工业和塑料、合成纤维、石油、橡胶、药剂、染料工业等,生产的化学产品包括无机酸、碱、盐、稀有元素、合成纤维、合成橡胶、染料、油漆、化肥、农药等。化学工业产生的主要固体废物包括盐泥、硼泥、磷石膏等。

3.3.1　盐泥

1. 概述

盐泥是指制碱生产中以食盐为主要原料用电解方法制取氯、氢、烧碱过程中排出的废渣和泥浆(图 3-13)。电解法主要有水银法、隔膜法和离子膜法三种,当前我国制备烧碱以离子膜法为主,离子膜法每生产 1t 烧碱约产盐泥 40～60kg。据中国统计年鉴显示,我国烧碱产量保持持续增长态势,2020 年全年产量达 3674 万吨(图 3-14),比 2013 年增长了 25％以上。根据烧碱的产量可以推算出我国盐泥的年排放量在 200 万吨左右。

图 3-13　盐泥

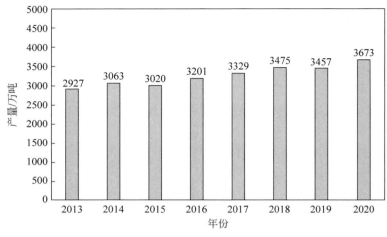

图 3-14 中国盐泥产量

盐泥的主要成分包括 SiO_2、$CaCO_3$、$Mg(OH)_2$、$BaSO_4$、NaCl 及少量的 Fe_2O_3 等,pH 值在 11 左右,外观呈灰白色,直接排放会严重污染土地植被,其堆放之地,往往寸草不生,飞尘肆虐。考虑到对盐泥进行处理所涉及的必要投资及运行成本、技术等问题,目前只有部分厂家对盐泥进行了治理,大多数厂家尤其是中小型氯碱厂,均没有进行有效的治理,未经处理的盐泥有的在厂内外堆存或进行填埋处理。随着氯碱行业的不断发展,盐泥对环境的污染及其对人类生活的威胁受到人们越来越多的关注,盐泥的有效治理和综合利用已迫在眉睫。

2. 综合利用途径

近年来,氯碱工业废渣有效成分的分离和回收利用已引起国内外各大科研院所和氯碱生产企业的高度重视,广大科研人员和技术人员对氯碱废渣综合利用及有用无机盐的分离生产下游产物进行了广泛而有益的探索。国内外对盐泥的综合利用途径主要包括以下几个方面。

(1)制备轻质氧化镁。从氯碱盐泥化学组成看,它是一种含钙镁量高的物质,具有一定的二次回收价值。轻质氧化镁的提取主要以碳法为主,即将盐泥除去杂质后通入碳进行碳化,使氢氧化镁变成可溶性碳酸镁,再水解析出得到碱式碳酸镁,最后通过煅烧得到轻质氧化镁。

(2)制备吸附剂。盐泥中含有碱性物质 $CaCO_3$、$Mg(OH)_2$ 及可产生絮凝作用的 Fe^{3+}、Al^{3+} 离子,可以用于酸性废水的处理及制取氟离子和硝酸根离子吸附剂。

(3)生产建筑材料。盐泥的主要成分为钙镁泥,以钛白粉、立德粉、钙镁泥等为填料,加入不同品种的颜料,可以制成鲜艳的彩色涂料;在盐泥中按一定比例加入固化剂、粉煤灰等材料搅拌均匀,经成型、烘干等工艺处理可制得具有高强度、高耐磨等性能的人行道砖和工业建筑保温用砖等。

(4)生产有机化肥。氯碱盐泥具有较强的碱性,可以针对酸性土壤制备碱性有机化肥。

(5)作为添加剂。主要化学成分氯化钠、碳酸钙、氮氧化镁与盐水钻井液成分极为相似,可用作钻井液添加剂;盐泥所富含的 Mg^{2+}、Na^+、Ca^{2+} 等金属离子在燃烧时具有一定的助燃性,可作为燃煤添加剂等。

3. 典型技术——制备硫酸钙晶须

晶须(图 3-15)是指自然形成或者在人工控制条件下以单晶形式(主要形式)生长的须状单晶体。硫酸钙晶须称石膏晶须,是一种纤维状的单晶体,白色蓬松针状物,其横截面均匀、外形完整,强度高、韧性好、耐高温、耐腐蚀、耐磨耗、电绝缘性好,广泛应用于陶瓷复合材料、聚合物复合材料中提高复合材料的耐高温性能、补强增韧效果和物理相容性能等。目前硫酸钙晶须主要以天然石膏为原料,采用水热法、常压酸化法来制备,由于天然石膏资源有限,工业化生产受到限制,因此将富含丰富钙源的盐泥制备成市场需求量大、附加价值高的硫酸钙晶须具有较大的利用价值。

图 3-15 晶须结构

(1)水热合成法

水热合成法是指在水压热容器中,将一定质量分数的盐泥悬浮液,通过水压热器进行高压处理,使二水硫酸钙变成针状的半水硫酸钙的方法。在水热法中,水既是一种溶剂,又是反应中的膨化促进剂,同时也是压力在溶液中的传递媒介。河南城建学院就研发了一种利用盐泥通过水热法制备硫酸钙晶须的方法：首先进行水化处理，即将盐泥研磨成粉末，加入适量水，静置分层；然后水化处理过的盐泥，加入适量水，再加入适量氯化钙和盐酸，在 $110\sim140℃$、搅拌条件下反应 $0.5\sim4h$；反应液抽滤得滤饼，烘干，即得硫酸钙晶须。

（2）超声法

超声波对硫酸钙晶须的结晶过程和形貌有很大影响，作用于液体时可以使有机物、无机物在空化气泡内发生化学键断裂、水相燃烧和热分解反应，促使硫酸钙结晶成核。樊新花等通过超声法开发了一种利用盐泥制备硫酸钙晶须的新工艺，工艺流程如图 3-16 所示。首先用工业盐酸将其中的酸溶性物质提出，主要得到 $CaCl_2$、$MgCl_2$ 及钠盐的清液，液相经净化过滤，在滤液中加入 Na_2SO_4，通过超声、媒晶剂等操作制备硫酸钙晶须；过滤后含镁滤液则可加入磷酸氢铵制备磷酸铵镁缓释肥；溶解及净化后过滤的固体杂质则可作为生产陶粒的原料。在该工艺条件下，经过超声、陈化各 1h 可制得长径为 $100\sim220\mu m$、直径为 $5\sim10\mu m$、表面光滑性较好的 $CaSO_4 \cdot 0.5H_2O$ 晶须。

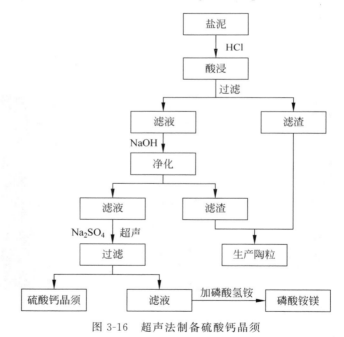

图 3-16　超声法制备硫酸钙晶须

3.3.2　硼泥

1. 概述

硼泥是指生产硼酸、硼砂等产品产生的废渣。我国的硼矿资源比较丰富，

2019 年我国硼矿查明资源储量为 7503.1 万吨,居世界第四位,但与国外的硼矿相比具有品位偏低(低于 8%)的特点。目前,我国主要以硼镁矿石为原料,通过碳碱法生产硼砂和硼酸,在制备过程中需要过滤提纯,在这一阶段会产生大量硼泥废物。硼泥在硼砂工业中的排放系数非常惊人,通常生产 1t 的硼砂,会产生 4~5t 的硼泥。我国每年硼砂的产量为 40 万吨~50 万吨,与此同时产生的碱性硼泥达到了 160 万吨~200 万吨。迄今,硼泥在各个领域的应用仍处于试验阶段和小规模生产阶段,利用率还很低,大多自然堆放,不做任何处理,多年来造成了硼泥大量堆积,仅在辽宁省硼泥的堆存量就超过 1700 万吨(图 3-17)。新产生的硼泥含有 20%~30% 的水分,呈碱性,pH 值为 8~10,可使堆积的土地碱化而寸草不生,碱液渗透到地下,造成地下水污染。

图 3-17 硼泥的堆放

硼泥颗粒表面疏松且不规则,呈假山石多孔状态,其外观一般呈棕色,是一种粉末固体,易于粉碎,其粒度较细,粒径一般在 100 目以下,且具有一定的黏结性,可塑性较好。由于硼镁矿产地和硼砂生产工艺不同,硼泥的化学组成稍有差异,基本组成见表 3-6。硼泥的主要矿物组成为碱式碳酸镁、含铁的镁橄榄石、蛇纹石、磁铁矿及一些非晶质颗粒。从硼泥的特性可知,硼泥含有大量的镁、铁、硼等有价元素而且具有一定的物理性能,有较高回收利用价值。

表 3-6 硼泥的化学组成

成分	MgO	SiO_2	Fe_2O_3	B_2O_3	Al_2O_3	CaO	R_2O
含量/%	23.0~43.4	22.6~32.7	3.4~20.8	0.7~6.4	0.1~5	2.1~5.9	1.1~2.1

2. 综合利用途径

由于国外的硼矿资源品位较高,经简单提取即可直接利用,几乎不存在硼泥的治理问题,因此对于硼泥回收利用的研究主要集中在国内的一些科研院所、高等学府、企业工厂,并取得了一定的研究成果。这些研究成果主要体现在硼泥中有价元素的提取、建筑材料、农业肥料、冶金工业等几个方面。

(1)回收有价成分。硼泥中含有丰富的 Mg、Si、B 等元素,通过烧结,可以使其中的氧化镁含量富集到 $60\%\sim80\%$、三氧化二硼含量富集到 $5\%\sim8\%$;或者利用盐酸法或硫酸法浸出得到氢氧化镁和氧化镁。同时还可以得到硅与铁等附属产品。

(2)建筑材料。硼泥可以应用在建筑砂浆中,由于硼泥的粒度很细,与水泥均匀地混合在一起时,能将砂子颗粒包裹起来,这不仅可以改善混合砂浆的和易性、加大密实程度,并且对砂浆的抗压强度也有了一定程度的提高;硼泥还可取代石灰应用在路面基层材料中。

(3)冶金添加剂。硼泥中 MgO 与 SiO_2 的含量较高,还含有一定量的金属氧化物和稀土氧化物等,这些成分的存在不仅可以改善炉渣的流动性,还可以加速还原反应的进行,故可以作为溶剂应用到锰硅合金的冶炼中。硼泥还可以作为添加剂加入烧结球团中,并应用到高炉冶炼工业生产中,可显著提高球团矿和烧结矿的强度。

另外,硼泥还有其他很多利用途径,如农用除草剂、制备泡沫玻璃和 PVC 材料等。

3. 典型技术——制备硅钙钾镁硼肥

硼泥中含有镁、硅、铁、钙、硼等化学元素,这些都是农作物生长所需的营养元素。尤其是硼元素,在保护农作物方面,硼能有效地预防会出现在植物上的各种病状。我国南方地区的土壤在常年雨水淋溶条件下,缺镁、缺硼现象非常严重,如广西、江西、湖北、四川、陕西、湖南等省的土壤中缺硼土壤所占比例都超过 60%。利用富含镁、硼的硼泥与硅钙钾镁肥进行配制生产硅钙钾镁硼肥,可以为作物提供充足的硅、钙、镁、钾和水溶硼等营养元素,满足作物在高淋溶条件下的营养需求。吴秋生等将硅钙钾镁肥和硼泥按照适当的比例配制硅钙钾镁硼肥并应用于南方多雨地区,获得了硅钙钾镁硼肥新产品,并已在四川省眉山市青神县和广东省肇庆市德庆县分别对丑橘和贡橘进行了大田试验,$1hm^2$ 耕地施用 $750kg$ 硅钙钾镁硼肥可以满足缺硼、缺镁土壤种植作物对有效硼和有效镁的需求量,并初步取得了增产提质效果。该硅钙钾镁硼肥生产工艺为:将硼泥与硅钙钾镁肥磨至 $80\mu m$ 筛余小于 10% 后,按 $1:1$ 的质量比搅拌混匀送入圆盘造粒机进行喷水造粒,粒径在 $1.00\sim4.75mm$ 的成品颗粒进入回转烘干机进行烘干,烘干机进口热风温度控制在 $300℃$ 左右,出口温度控制在

50℃左右,成品颗粒含水质量分数控制在3%以下,烘干后的成品颗粒即为硅钙钾镁硼肥。

3.3.3　磷石膏

1. 概述

磷石膏是指生产磷酸过程中用硫酸处理磷矿时产生的固体废渣(图 3-18)。磷酸生产的基本原理是用硫酸分解磷矿石,磷石膏($CaSO_4 \cdot nH_2O$)以结晶的形式从液相中分离出来,$CaSO_4 \cdot nH_2O$ 的 n 为 0、0.5 和 2 时,分别表示产生的磷石膏种类为无水磷石膏、半水磷石膏和二水磷石膏,国内的磷石膏大部分属于二水磷石膏。磷酸产量与磷石膏产量成正相关,每消耗 1t 磷矿原石就会产生大约 5t 的磷石膏。近年来,国内磷肥产能严重过剩,部分中小型企业被兼并重组或关停、磷化工行业压力增大、国内外市场萎缩及环保政策等多方面因素的影响下,导致磷肥产量下降(图 3-19),磷石膏产量同比下降,2020 年磷石膏产量约为 7500 万吨。我国磷石膏的综合利用率不高,2019 年仅有近3000 万吨磷石膏被有效利用,综合利用率约为 40%,截至目前,超过 5 亿吨的磷石膏被闲置堆存。这不仅浪费大量土地资源,经过风吹雨淋后磷石膏中的磷酸盐、氟化物、重金属、有机物及放射性物质对周围水环境或土壤造成严重的污染。

图 3-18　磷石膏

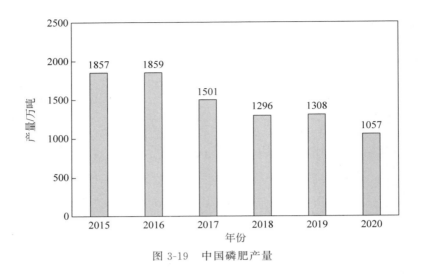

图 3-19 中国磷肥产量

2. 磷石膏的性质组成

磷石膏的主要成分为硫酸钙($CaSO_4 \cdot nH_2O$),还含有少量未分解的磷矿、未洗涤干净的磷酸及氟化钙、铁铝化合物、难溶性物质、有机质等杂质。这些杂质又可分为可溶性杂质、难溶性杂质,主要杂质见表 3-7。

表 3-7　磷石膏主要杂质

杂质种类	溶解性	存 在 形 式
磷酸及其盐	可溶	H_3PO_4、$(H_2PO_4)^-$、$(HPO_4)^{2-}$、PO_4^{3-}
	难溶	未分解的磷灰石、磷酸盐络合物(与铁、铝、碱金属等)
氟化物	可溶	SiF_6^{2-}、F^-
	难溶	CaF_2、$CaSiF_6$、Na_3AlF_6
有机物	难溶	生产过程中加入的消泡剂、阻垢剂、晶型改良剂等外加剂
其他杂质	可溶	Na^+、K^+
	难溶	石英、铁、铝氧化物或者与磷酸盐、硫酸盐生成的络合物

纯天然或纯净的石膏为白色粉末,工业固废石膏由于含杂质而呈现灰色、浅褐色、浅黄色等颜色,是一种粉末状小颗粒,无可塑性,体积密度在 0.9～1.7g/cm³。磷石膏含有大量水分,含水量一般在 25%～30%,流动性差,一般需要采用煅烧或高温去除游离水以达到干燥的目的。

3. 磷石膏的综合利用途径

2016 年以来,国家越来越重视大宗固体废弃物综合利用问题,相继出台了更加全面、细致的政策。国家发改委发布的《关于"十四五"大宗固体废弃物综合利用的指导意见》指出,在"十四五"期间要继续推广磷石膏在生产水泥和新型建筑材料等领域的利用,并在此基础上探索新的磷石膏利用途径。湖北、贵州、云南等磷矿大省也推出了促进磷石膏综合利用、减少磷石膏堆积的政策。如湖北省财务厅出台了相应的增值税政策,销售自产磷石膏资源综合利用产品,可享受 70% 的增值税退税政策。这些政策意见极大地推动了磷石膏的利用治理,磷石膏资源化利用取得十分突出的效果。例如,截至 2020 年,贵州省工业副产磷石膏利用处置率达到 104.4%,当年产生的磷石膏基本消纳完毕。目前磷石膏的利用主要集中在建材行业、化工行业和农业三个领域综合利用,其中又以建材行业为主。

（1）建材行业。磷石膏可用作水泥添加剂、筑路、填充、制作石膏板、建筑石膏粉及制备石膏胶凝材料等。

（2）化工行业。磷石膏可作为原料生产硫酸、硫酸铵、硫酸钾等,或用于制备硫酸钙晶须。

（3）农业方面。磷石膏呈酸性而且含有作物生长所需的磷、硫、钙、硅、锌、镁、铁等养分,可以代替石膏改良碱土、花碱土和盐土,改良土壤理化性状及微生物活动条件,提高土壤肥力。

4. 典型技术——制备胶凝充填材料

半水磷石膏具有一定的胶凝活性,水化过程能够提供早期充填强度。以半水磷石膏为基体的新型胶凝充填材料进行地下充填或露天采坑充填,不仅可以维护围岩稳定、减少地表沉陷、提高自然资源回收率和保护环境,而且因为充填所需的胶凝材料巨量,可以彻底解决化工企业磷石膏和尾矿堆存问题,保证矿山的可持续发展(图 3-20)。国内对磷石膏充填研究的较多,已经在开磷集团得到应用,主要研究单位集中在中南大学、开磷集团、北京科技大学等。

（1）制备方法

磷石膏废料颗粒极为细小,具有遇水弱化成浆的特性,渗透系数小,其中的二水硫酸钙具有缓凝作用,不利于快速脱水和硬化,因此必须对其材料进行改进,研究的主要方向是向磷石膏充填中加入激发剂,包括粉煤灰、石灰等材料。磷石膏胶凝充填材料制备简单,将磷石膏和添加剂按一定比例配制成一定浓度的浆体即可。目前,水泥-磷石膏浆体充填是矿山磷石膏胶结充填的主要方式,控制水泥用量是减少充填成本的最直接方法,也有人提出用黄泥、黏土、红页岩等物质替代水泥,通过小规模实验也验证了其具有一定的实用性。

（2）应用案例

贵州大学利用半水磷石膏制备出了性能较好的复合胶凝充填材料,充填配

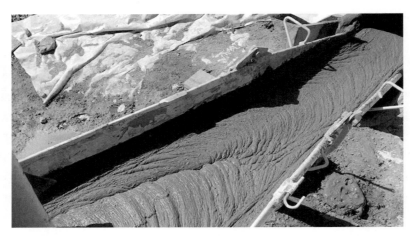

图 3-20　胶凝材料充填

料和配比为：半水磷石膏：二水磷石膏：碱性激发剂＝1：0.2：0.03,料浆浓度为 69％。该充填材料具备膏体特征,且具有不分层、不离析、不泌水、流动性好的特点。同时利用制备的充填材料对某坑容积约为 102.5 万立方米的露天采坑进行了充填,充填工艺如图 3-21 所示,充填设计工作流速为 1.5m/s,充填体表面泌出水通过水平滤水管引流至滤水井,最终汇集到露天坑底部集水池,

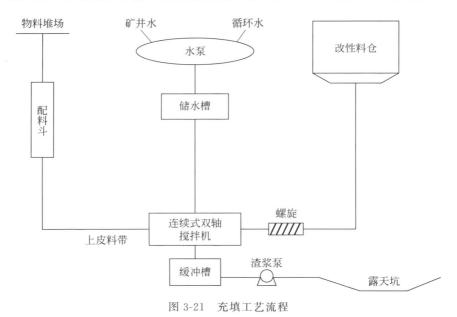

图 3-21　充填工艺流程

然后通过潜水泵抽排至回水池。对充填效果进行监测,半水磷石膏充填体注模强度与露天坑钻芯取样强度均大于 0.5MPa,满足设计 0.3MPa 强度要求。半水磷石膏充填材料的泌出水监测数据满足国家污水排放 Ⅰ 级标准要求,通过监测井上下游及周边水质情况,充填前后对周边水环境并未造成明显影响。

3.4 非特定工业固废"无废"利用技术

有些工业行业会使用相同或相似的工艺流程或设备,从而产生相同种类的工业固废。比如粉煤灰的主要产生设备燃煤锅炉就广泛应用于电力、制造业、冶金等行业。

3.4.1 粉煤灰

1. 概述

粉煤灰指从煤燃烧后的烟气中收捕下来的细灰,是燃煤发电过程特别是燃煤电厂排出的主要固体废物(图 3-22)。为了提高煤炭的燃烧效率,一般不会将煤整块放入锅炉内直接燃烧,通常需要先将煤炭研磨成粉状,以便充分燃烧,这时煤中的可燃物被燃尽,不燃物混杂在高温烟气中随着温度的下降形成了表面光滑的球状颗粒,最后经过集尘装置收集,收集到的烟尘即粉煤灰。

图 3-22 粉煤灰

我国是以煤炭为主要能源的国家,并且在很长时间内能源结构难以发生改变。2019 年我国总煤炭消费量为 28.10 亿吨,占全球煤炭消费量的 51.7%,其中 76% 的煤炭用于火力发电,而大约每消耗 4t 的煤会生成 1t 粉煤灰,造成粉煤灰的产量也一直居高不下。近年来重点发表调查工业企业的粉煤灰产生量约为 5 亿吨,并且保持着上升的趋势(图 3-23)。其中 2019 年重点发表调查工业企业的粉煤灰产生量为 5.4 亿吨,综合利用量为 4.1 亿吨,综合利用率为 75.9%。粉煤灰产生量最大的行业是电力、热力生产和供应业,其产生量为 4.7 亿吨,其次是化学原料和化学制品制造业,有色金属冶炼和压延加工业,石油、煤炭及其他燃料加工业,造纸和纸制品业,其产生量分别为 2312.2 万吨、1363.9 万吨、993.5 万吨和 656.7 万吨。据估计,我国粉煤灰的历史堆存量已超 30 亿吨,并且还在以每年约 1.5 亿吨的速度增长。粉煤灰主要以干排粉煤灰形式堆存在储灰场或湿排粉煤灰的形式储存在灰坝中,不仅占用了大量土地,在雨水的淋溶作用下,粉煤灰中含的高盐高碱物质会渗透到周边的水体与土壤中,导致水体污染与土地盐碱化,严重影响周边环境。

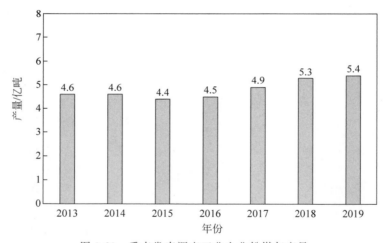

图 3-23　重点发表调查工业企业粉煤灰产量

2. 粉煤灰的性质组成

粉煤灰形状各异,一般为灰色或者灰黑色,其中未完全燃烧碳含量越高,颜色越深。一般情况下,粉煤灰颗粒平均粒径小于 $75\mu m$,比表面积的范围在 $300 \sim 500 cm^2/g$,密度大多为 $2.1 \sim 2.6 g/cm^3$。粉煤灰呈球形多孔结构,具有良好的渗透性和吸水性。粉煤灰的化学组分随煤炭种类、燃烧条件的不同产生很大差异,但主要成分都为 Al_2O_3、SiO_2、Fe_2O_3、CaO、TiO_2、MgO、K_2O、Na_2O、SO_3 等及一定含量的未燃尽的碳。其中硅铝含量最高,二者含量占比在 50% 以上。常见粉煤灰的化学组成范围见表 3-8。

表 3-8　我国常见粉煤灰的化学组成范围

成分	C	SiO_2	Al_2O_3	Fe_2O_3	CaO	MgO	SO_3	Na_2O	K_2O
含量/%	0.5~20	33.9~59.7	16.5~35.4	1.5~16.4	0.8~10.4	1.2~3.7	1.0~6.0	0.2~4.1	0.7~2.9

　　粉煤灰矿物组成及含量也随着燃煤方式及燃煤温度的不同而异,煤粉炉粉煤灰以石英、莫来石及玻璃相为主,且随着烧结温度升高玻璃相含量相对较低,而流化床粉煤灰以石英、硫酸钙及方解石等为主,铝元素以玻璃相的形式存在。

3. 粉煤灰的综合利用途径

　　为了有效监督和管理推动粉煤灰综合利用的发展,我国相继出台《粉煤灰综合利用管理办法》和《关于推进大宗固体废弃物综合利用产业集聚发展的通知》等相关法规,粉煤灰的综合利用取得了一定的进展,综合利用率达到 75%,一些发达的城市如上海等,综合利用率更是达到 90%。针对不同来源粉煤灰的结构组成、物化特性,粉煤灰相继应用于建材、农业、环保等领域。

　　(1)建筑建材方面。我国粉煤灰最早用于生产建筑材料,迄今为止,建材领域仍是我国粉煤灰应用最为广泛的领域,占总利用量的 80% 以上。粉煤灰具有火山灰特性,使其可以在水泥制作中作为黏土的替代品;也可以在混凝土的生产中作为掺合料来节省水泥的消耗;还可以用来制作粉煤灰基墙体材料,如图 3-24 所示,与普通墙体材料相比,具有质量轻、强度大、隔音、保温与耐久性好等特点。

图 3-24　粉煤灰砖

（2）农业方面。粉煤灰中除含有一定量的氮、磷和钾元素外，还含有锰、铁和钠等金属元素，可作为磁性载体负载一定量的氮肥、磷肥和钾肥等，经一定处理后可制成磁化肥，此外粉煤灰可以使土壤的孔隙率和通气性增加、膨胀率缩小、保湿性增强，增强土壤中微生物的活性，在矿区土壤、盐碱化土壤、沙化土壤和耕地土壤等的改良及修复方面具有巨大的应用潜力。

（3）环保方面。由于粉煤灰质地疏松、内部多孔、比表面积大、含有大量微珠和吸附性能良好，使其在重金属污染、水污染和烟气处理等方面应用前景广阔。

（4）化工方面。粉煤灰中含有大量的 Si 和 Al 元素，可以利用粉煤灰制备分子筛、陶瓷材料和催化剂等。

综合来看，我国相当多的粉煤灰被利用在建材等低附加值领域，但是我国经济发展正在进入"新常态"时期，即从高速增长向中高速增长转变，基建增速的脚步将逐渐放缓，对水泥、混凝土传统建材的需求也将出现疲软，这将使我国粉煤灰的综合利用面临严峻的挑战，未来应该更加深入粉煤灰在高附加值利用领域的研究，如提取稀有金属及合成催化剂等，实现粉煤灰的最大开发与利用。

4. 典型技术——提取氧化铝

铝是工业上产量仅次于铁的重要金属。铝及其合金具有多种优异特性，在航空、航天、机械制造、汽车、船舶、建筑和电力等领域有极广泛的应用。目前世界上主要的铝生产方法是电解法，氧化铝（图 3-25）是电解法生产铝的主要原料，全球约 90% 的氧化铝用于电解生产金属铝。而铝土矿是生产氧化铝的主要

图 3-25　氧化铝

原料,但我国铝土矿储量较低,仅约占世界储量的3%。由于国内铝土矿供应严重不足,铝土矿资源短缺问题十分突出,严重依赖进口。

粉煤灰中含有丰富的铝资源,尤其是一些高铝煤矸石氧化铝含量可达40%~50%以上,与我国中低品位铝土矿中氧化铝含量相当,据统计,仅内蒙古和山西的高铝粉煤灰年产量超过5000万吨/年。因此随着我国优质铝土矿资源的日益枯竭,从粉煤灰中提取氧化铝对于我国铝工业的可持续发展具有重要意义。

1) 氧化铝提取方法

(1) 烧结法

烧结法根据烧结介质的差异可分为石灰石烧结法、碱石灰烧结法。石灰石经高温烧结可分解得到氧化钙,氧化钙与粉煤灰中的氧化铝可发生烧结反应生成铝酸钙。粉煤灰中的氧化硅可与氧化钙反应生成硅酸二钙。根据铝酸钙与硅酸钙在碳酸钠溶液中溶解性的差异可实现铝、硅分离。铝酸钙可被碳酸钠溶液溶出生成铝酸钠,得到的铝酸钠溶液可经过碳酸化分解得到氢氧化铝,氢氧化铝煅烧最终得到氧化铝。碱石灰烧结法与石灰石烧结法的流程具有一定的相似性,两者的不同之处在于烧结介质及烧结反应的差异,粉煤灰中的氧化硅与碱石灰中的碳酸钠反应生成偏铝酸钠。

(2) 酸浸法

铝是两性金属,可溶于酸、碱,因此可用无机强酸(如盐酸)浸出含铝物料,使其中的Al_2O_3转化为相应的铝盐。铝盐经过进一步分解可得到Al_2O_3产品。根据不同工艺的具体操作压力差异,可将酸法处理工艺分为常压酸浸工艺和中压酸浸工艺;而根据所用酸介质的不同,又可将酸法处理工艺分为盐酸法和硫酸法。利用酸浸法处理粉煤灰,为了提高粉煤灰中Al_2O_3的浸出效率,通常需要对煤矸石进行预活化处理,如机械活化等。

(3) 硫酸铵法

硫酸铵法是将粉煤灰与硫酸铵按比例配料,充分混合后焙烧,浸出、固液分离得到浸出渣和$Al_2(SO_4)_3$溶液,$Al_2(SO_4)_3$溶液和NH_3进一步反应,可得到$Al(OH)_3$沉淀。$Al(OH)_3$重新溶解后经过种分、煅烧等工序就可以获得氧化铝产品。

(4) 亚熔盐法

亚熔盐法是利用高浓度亚熔盐碱介质处理粉煤灰,粉煤灰中的铝组分以铝酸钠形式全部进入液相,硅组分以硅酸氢钠钙的形式进入固相,从而实现铝硅的高效分离。铝硅分离之后得到脱铝渣的主要成分是硅酸氢钠钙,其在稀碱溶液中不能稳定存在,会分解生成硅酸钙和氢氧化钠,氢氧化钠进入液相得以回收。

2）应用案例

内蒙古某铝业有限公司利用粉煤灰年产 40 万吨氧化铝项目于 2014 年 10 月进行投运。该工艺流程如下：将粉煤灰与石灰石磨细配比混匀，在 1320～1400℃下焙烧，形成以铝酸钙和硅酸二钙为主要成分的氧化铝熟料。在熟料冷却过程中通过温度控制使熟料产生自粉化，采用碱溶法在自粉化后的氧化铝熟料中提取氧化铝后，废渣（主要成分为活性硅酸钙）用于生产水泥。各环节烟气经净化后达标排放。产 1t 氧化铝约消耗 3.3t 粉煤灰。该工艺年产 40 万吨氧化铝，可消耗粉煤灰 132 万吨，同时产出氧化铝赤泥-活性硅酸钙 330.4 万吨用于生产水泥熟料，实现固废零排放。

此项目利用粉煤灰做原料提取氧化铝，由窑尾废气中提取的二氧化碳经净化后用于氧化铝生产流程，提取氧化铝过程中产生的固体废渣——活性硅酸钙用于联产水泥，形成了低排放、低污染、低成本、高产出的循环产业链，每年可利用二氧化碳 32 万吨（1.64 亿立方米）。本项目的实施有利于下游产业节能减排。提取氧化铝后的固体废渣——活性硅酸钙与水泥熟料的矿物组成十分接近，是一种优质的水泥原料，用其制造水泥熟料可提产 30％、降低热耗 20％，吨水泥可降低热耗折合标煤 20kg，每年可节约热量折合标煤近 7 万吨；用活性硅酸钙作水泥原料，相比传统的石灰石黏土作水泥原料吨水泥可减少 CO_2 排放量 350kg，每年可减少 CO_2 排放量 110 多万吨。

3.4.2 锅炉渣

锅炉渣是指工业和民用锅炉及其他设备燃烧煤或其他燃料所排出的废渣（灰），包括煤渣、稻壳灰等。纺织、化工、轻工和食品工业等行业燃煤工业锅炉及企事业单位的食堂、北方冬季采暖均产生锅炉渣。锅炉渣的化学成分与粉煤灰相似，但含碳量通常比粉煤灰高，一般在 15％ 左右，热值一般为 3500～6000kJ/kg，有的高达 8000kJ/kg 以上。

相较于粉煤灰，大部分炉渣还没有进行有效的综合开发利用，而且目前研究也比较少，主要集中在以下几个方面。

（1）再燃烧利用。锅炉渣具有一定的热值，配上黏结剂和添加剂等，可制成型煤作为燃料再燃烧。

（2）建材利用。锅炉渣可用作烧制内燃砖和空心砌块砖，利用炉渣作为内燃料加工砖可节省大量煤炭；用作硅酸盐制品的骨架，用于筑路或作屋面保温材料等；用作水泥、混凝土添加剂等。

（3）处理废水。炉渣是多孔物质，孔隙率大具有一定的吸附过滤作用，而且含有的碳有一部分活性炭的性质，一定程度上可以代替活性炭用于水体前处理和深度处理。

（4）改良土壤。炉渣施用能明显提高土壤 pH 值和盐度，具有一定的调节作用。

3.4.3　脱硫石膏

1. 概述

脱硫石膏指废气脱硫的湿式石灰石/石膏法工艺中，吸收剂与烟气中二氧化硫等反应后生成的副产物（图 3-26）。石灰石/石膏工艺法脱硫效率能达到 90% 以上，且技术工艺相当成熟，目前国内燃煤锅炉烟气绝大部分都是采用此法进行脱硫。随着我国对大气污染治理高度重视，烟气脱硫设施越来越完善，脱硫石膏产量持续增加。据有关统计，近年来我国重点调查企业脱硫石膏产量如图 3-27 所示，磷石膏产量逐年增长，2019 年产量达到 1.3 亿吨。脱硫石膏产生量最大的行业是电力、热力生产和供应业，其产生量为 1.1 亿吨，占比 84.6%，其次为黑色金属冶炼和压延加工业、有色金属冶炼和压延加工业、化学原料和化学制品制造业，其产生量分别为 783.7 万吨、536.3 万吨和 455.1 万吨。脱硫石膏一般很难在生产企业内直接利用，尤其在经济欠发达地区，石膏消费量较少，脱硫石膏无法外销，堆存废弃问题突出。

图 3-26　电厂脱硫石膏

2. 脱硫石膏的性质组成

脱硫石膏的主要化学成分与天然石膏类似，都是二水硫酸钙（$CaSO_4$ ·

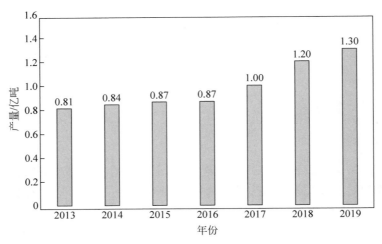

图 3-27　重点调查企业脱硫石膏产量

$2H_2O$),含量在 $90\%\sim95\%$。但由于产生途径不同,脱硫石膏与天然石膏在外观性能、颗粒特性、杂质组分等方面均有差异。脱硫石膏表面潮湿、含水率在 $10\%\sim15\%$,由松散细小的颗粒组成,粒径大部分在 $40\sim60\mu m$,具有很高的黏着性。其颜色一般为白色,但因脱硫工艺和除尘效果不高、烟气中易混入粉煤灰或脱硫剂不纯等原因,使脱硫石膏白度降低呈现灰色或者黄白色。脱硫石膏杂质较复杂,含有碳酸钙、未完全氧化的亚硫酸钙及钠、镁、钾的硫酸盐或氯化物的可溶性盐等杂质。杂质的存在极大地影响了脱硫石膏的利用,如氯离子对金属有强腐蚀性,可溶性盐析出出现泛霜的现象等。

3. 脱硫石膏的综合利用途径

国外脱硫石膏研究较早,利用率处在较高水平,尤其是日本、德国等一些发达国家基本上实现了脱硫石膏的完全利用,主要利用途径是替代天然石膏作为建筑行业原料。为保障脱硫石膏的推广应用,部分国家如英国、德国甚至规定禁止开采和使用天然石膏。国内目前的脱硫石膏综合利用率在 70% 左右,与先进国家还有一定差距,应用以水泥添加剂和石膏建材行业为主。2003 年以来,随着国内火电机组脱硫装置的陆续上马,脱硫石膏产量快速上升,国家陆续出台了多项鼓励资源化利用脱硫石膏的政策法规。例如,2009 年,上海市出台了《上海市脱硫石膏资源化利用和安全处置实施方案》,对本市范围内的脱硫石膏利用途径作出规划;工信部在 2016 年的《建材工业发展规划(2016—2022 年)》中提到,要在建材类产品如水泥、砂浆、混凝土中更多利用脱硫石膏等大宗工业固废,开发绿色环保建筑材料;2019 年,国务院办公厅发布的《关于印发"无废城市"建设试点工作方案的通知》要求以工业副产石膏等大宗工业固废为重点，完善资源化利用标准体系，分类别制定工业副产品、资源化利用产品等的技术标准。可以预见，随着相关法规的制定，在经济政策的刺激和技术标准的引导下，未来国内脱硫石膏的资源化利用将进一步规范化，利用率将进一步提升。综合来看，国内外脱硫石膏的传统综合利用途径是替代天然石膏生产石膏板等建筑材料，并且已经形成了工业化规模生产。除此之外，脱硫石膏作为水泥缓凝剂、改良土壤也是重要途径之一，目前已经有部分工业化生产，但应用规模都较小。脱硫石膏的一些高附加值利用，如制备复合胶凝材料、制备硫酸钙晶须等也多有报道，但均停留在研究阶段，暂未大规模应用。

4. 典型技术——改良土壤

脱硫石膏可显著改善土壤理化性质，同时提供 Ca、S 等矿质营养元素促进植物生长，提高植物抗逆性，已被认为是一项利用成本低、修复速率快的土壤改良剂。国内学者利用脱硫石膏改良盐碱地已开展了大量理论实践研究，并已形成了一套以脱硫石膏为核心的盐碱地改良技术，在我国北方盐碱地区成功改良了大面积盐碱地，实现了农业增产，展现了广阔的应用前景。

1）改良效果

施用脱硫石膏后，在淋洗作用下土壤中溶解产生的钙离子可置换出土壤中的钠盐并随水分排出，从而降低土壤的碱化度，同时钙离子与土壤中的 CO_3^{2-}、HCO_3^- 发生沉淀反应，降低由 CO_3^{2-}、HCO_3^- 引起的土壤高 pH 值。另外，随着土壤交换性 Na^+ 含量降低，土壤颗粒胶结起来，通过土体涨缩形成颗粒间通道，土壤孔隙结构和渗透性也将得到改善。土壤微生物活性在施用脱硫石膏后也得以提高，有研究表明盐碱地施用脱硫石膏后，发现土壤微生物数量呈逐年增加的趋势，以细菌的数量占优势，较对照组增加了 5.12 倍。脱硫石膏还能提高土壤酶活性，活化土壤根际养分，植物生长环境得到改善，提高了植物吸收养分能力。

2）改良原则

（1）用于碱化土壤改良的脱硫石膏须来源于质量合格且正常运转的湿法脱硫装置，其纯石膏含量须大于 80%，自由水含量须低于 12%。脱硫石膏中污染物控制要满足相关农业标准。

（2）脱硫石膏改良碱化土壤技术适用于土壤 pH>8.3、碱化度>15%、总碱度>0.3cmol/kg 的盐碱土。

（3）根据碱化土壤特征，科学合理施用脱硫石膏，并与合理灌溉、排水相结合，使被置换的钠离子从土壤中淋洗排除。

（4）脱硫石膏改良剂要与培肥相结合，加速土壤改良过程。优先选择腐熟有机肥料、农家肥、腐殖酸肥及化学酸性、生理酸性肥料，在培肥的同时增加土壤渗透能力，促进土壤改良，提高经济与环境效益。

3）应用案例

内蒙古河套地区位于我国干旱、半干旱地区，属于典型的大陆性气候区，是全国三大灌区之一，盐碱地占土地总面积近 69%，是典型的盐碱地区域。高惠敏等利用脱硫石膏与腐殖酸配施对河套某地进行了土壤改良并研究了对向日葵生长的影响，脱硫石膏和腐殖酸的施用量分别为 3000kg/hm² 和 6000kg/hm²。结果表明，施用改良剂以后，土壤的含盐量显著降低，0～20cm 土层中，较对照组降低 94.30%，20～40cm 土层中，降低 65.11%，土壤 pH 值也有一定程度降低，在 0～20cm 和 20～40cm 土层中分别下降 0.44 和 0.62；同时向日葵生长也得以促进，向日葵的株高、茎粗、叶面积、产量较对照组分别增长了 14.5%、14.73%、15.65% 和 51.63%，改良效果优异。

3.4.4　工业粉尘

1. 概述

工业粉尘指工业活动中各种除尘设施收集的粉尘。在工业生产过程中，物料在破碎、筛分、堆放、转运或其他机械处理过程中都有可能产生微小的细粒粉尘。如钢铁企业的耐火材料粉尘、焦化企业的筛焦系统粉尘、烧结机的粉尘、石灰窑的粉尘、建材企业的水泥粉尘等，但不包括粉煤灰及垃圾焚烧产生的烟尘。据统计，我国每年大约产生 1000 万吨的工业粉尘，其中主要产生行业为非金属矿物制品业和黑色金属冶炼及压延加工业，占总产生量的 50% 以上。工业粉尘的产生不仅损耗物料、污染环境、引起设备磨损腐蚀，而且严重危害周围居民和工人的健康。

工业粉尘可以按物质的组成、粒径的大小、形状及物理化学特性等进行分类。按物质组成粉尘可分为有机尘、无机尘、混合尘。有机尘包括植物尘、动物尘、加工有机尘；无机尘包括矿尘、金属尘、加工无机尘等；按粒径大小，粉尘可分为粗尘（大于 $40\mu m$）、细尘（$10～40\mu m$）、显微尘（$0.25～10\mu m$）和亚显微尘（小于 $0.25\mu m$）；按形状可分为三向等长粒子粉尘、片形粒子粉尘、纤维形粒子粉尘和球形例子粉尘等；按物理化学特性如湿润性、黏性、燃烧爆炸性、导电性、流动性也可以分为不同属性的粉尘。

由于粒径小、比表面积大、密度小，工业粉尘具有很多特殊的性质，具体如下：①吸水性。工业粉尘易于吸收空气中的水分而附着、固化，工业粉尘的吸水性与其化学成分、粒度、温度、气压等因素有关,其中化学成分影响最大。②扩散性。微细粉尘容易被气流携带而扩散,而且即使在静止的空气中,尘粒受到空气分子布朗运动的撞击也能形成类似于布朗运动的位移。③附着性。尘粒有黏附于其他粒子或其他物质表面的特性。粉尘之间容易凝聚或粉尘在除尘器内壁、极板、滤袋上黏附,粉尘的附着性与粉尘的物理性质、化学性质及含水率、荷电量有关。④磨损性。由于粉尘在除尘器和管道中随气流高速流动,粉尘对设备和管道内壁的冲刷磨损经常发生。粉尘的磨损性与本身的硬度和形状有关,硬度大,表面粗糙的粉尘磨损性大。⑤爆炸性。物料转化为粉尘,比表面积增加,提高了物质的活性,在具备燃烧的条件下,可燃粉尘氧化放热反应速度超过其散热能力,最终转化为燃烧,称粉尘自燃。当易爆粉尘浓度达到爆炸界限并遇明火时,产生粉尘爆炸。煤尘、焦炭尘、铝、镁和某些含硫分高的矿尘均系爆炸性粉尘。

2. 综合利用途径

工业粉尘一般能作为资源回用至各生产工序中,大部分都得到回收利用。对于在生产过程中不能回用的粉尘,如高炉尘、泥尘、有色金属冶炼过程中产生的富含金属的粉尘等可以采用湿法或火法回收利用其中的金属元素。例如,利用回转窑火法冶炼高炉尘,可回收其中的锌,具体原理是将高炉尘与还原剂等物质混合后送入回转窑,利用锌沸点较低(907℃)、高温易挥发的性质,在高温条件下,将锌还原并生成气态锌,气态锌上升与上层氧气反应,再次生成氧化锌颗粒,通向炉尾端,经多次回收,可得到大量氧化锌颗粒。

3. 典型技术——钢铁粉尘多工艺清洁利用技术

1)技术路线

对于含多金属的钢铁粉尘,可通过火法工艺、湿法工艺、合金工艺、窑渣利用工艺和水处理工艺等联用,从钢铁粉尘中回收锌、铟、铅、镉、铋、锡、铯、碘等多种有价元素,以及铁精粉、还原铁粉等工业产品,实现钢铁粉尘有价资源全利用。

(1)火法工艺

钢铁烟尘在高温状态下,通过富氧燃烧高效节能技术使低熔点、低沸点物质,如锌、铅、铟、铋、锡、镉等金属及其化合物还原气化,再在烟气冷却过程中与氧结合成金属氧化物,最终形成多种有色金属的富集物——次氧化锌粉,从而实现目标金属的粗分离。

(2)湿法工艺

处理由火法回转窑挥发得到的氧化锌粉,通过湿法提取工艺,将其中的有价金属锌、铅、铜、铟、铋等提取出来。

（3）合金工艺

锌熔铸及锌合金深加工工艺以湿法工艺产出的电积锌片和铝锭、残阴极为主要原料，经工频感应电炉熔化的锌水送至合金配方炉、保温炉、铸锭等工序后，产出锌合金锭与锌浮渣。

（4）窑渣综合利用技术

将回转窑渣经过选矿分离得到还原铁粉和细铁精粉，同时实现尾矿干排，还原铁粉经过粉碎后采用高温耦合焙烧脱碳-湿法分离得到 100 目纯化铁粉，细铁精粉采用高温耦合焙烧脱碳-湿法分离-氢还原脱氧得到 200 目和 325 目超细化铁粉。

（5）水处理工艺

处理湿法回收工序产生的碱洗高盐废水及生产过程产生的低浓度含盐废水，回收碘及钠钾混盐，并将处理后的水回用于生产，实现废水零排放。

2）应用案例

云南某环保企业利用上述工艺年处理含重金属 70 万吨～80 万吨钢铁粉尘，并于 2016 年正式运行。该工艺通过富氧燃烧回转窑及湿法浸出综合回收系统可提取出多种金属产品，包括锌锭、铟锭、铅、铋、锡、铯、铁精粉、还原铁粉等。其中火法处理温度在 1200℃ 左右；湿法脱氟氯在 95℃ 洗涤，中性酸浸提取液 pH 值控制在 5.2～5.4。全流程锌回收率大于 88%、铟回收率大于 82%、铅回收率大于 90%、镉回收率大于 90%，全流程水循环利用率达 92.5%，剩余 7.5% 均在循环过程中消耗及被蒸发。该工艺在厂区内形成闭式循环经济链，真正实现了固体废弃物、废水的资源化综合利用，促进企业降本增效，加快形成绿色集约化生产方式，增强企业核心竞争力。

第4章

"无废"新思路
——工业窑炉协同处理

　　建材、电力、钢铁冶炼作为我国的支柱产业,分布着众多的高温工业窑炉,如水泥窑、电厂锅炉及炼铁高炉等。这些窑炉的运行不仅消耗了大量的化石燃料和原料,同时也产生了大量二氧化碳等温室气体和氮氧化物、二氧化硫等大气污染物。工业窑炉协同处理工业固废就是利用现有的这些高温工业窑炉,在正常生产运行过程中,将某些特定的工业固废投入窑内进行处理。

　　工业窑炉内的高温环境完全适应相关焚烧的处置技术导则,为焚烧处置废物提供了可能,同时工业固废中的可燃成分焚烧产生的热能还可替代部分化石燃料,另外在水泥窑等某些建材窑炉内,工业固废焚烧残渣还可替代部分生产原料,从而减少对化石燃料和原料的消耗。因此,协同处理技术在满足正常生产要求、保证产品质量与环境安全的同时,可以实现工业固废的减量化、无害化和资源化。

　　由于邻避效应等因素,新建垃圾填埋场和专用焚烧设施越来越困难,二次污染也是一个待解决的问题,而我国工业固废处理设施还有很大缺口。工业窑炉协同处理工业固废技术既能减少投资建设费用,又能很好地利用工业固废中的资源,是缓解我国固体废物处理能力不足和工业高能耗、高排放问题的有效途径之一,对实现工业固废领域的"无废"有重要意义。目前,工业窑炉协同处理技术在国内外已取得一定程度的研究进展(图 4-1),并在水泥窑、流化床锅炉、高炉等行业具有多个成功的案例。

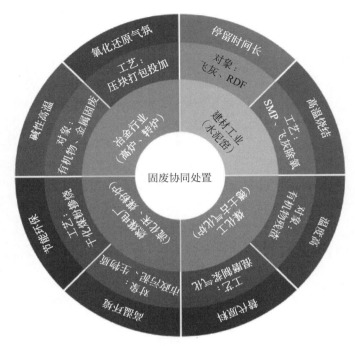

图 4-1　工业窑炉协同处理固体废物技术进展

4.1　水泥窑协同处理

我国水泥行业已经步入稳步发展时期,水泥节能环保已经越来越成为众多企业发展的重点。水泥窑是发达国家焚烧处理工业固废和城市生活垃圾的重要设施,得到了广泛应用。许多发达国家利用水泥窑处理工业固废和城市生活垃圾已经有 30 多年的历史。我国从 20 世纪 90 年代开始广泛开展利用水泥窑处理工业固废和城市生活垃圾的研究工作,相关国际合作项目在注重学习国外的前沿科学技术的基础上,不断加强对废物协同处理的技术程序及管理体系的重视,同时,针对具体种类的废物进行尝试性资源化综合利用。近几年来全国人大、科技部、国家发改委等中央政府部门均先后出台了相关的法律法规及技术政策以支持废弃物资源化综合利用,从而实现水泥生产与自然环境的融合,使工业的发展不再是以牺牲环境为代价,逐步将水泥窑协同处理废物工艺技术推广。

4.1.1 水泥窑概述

1. 水泥工业

水泥是粉状水硬性无机胶凝材料。加水搅拌后成浆体,能在空气中硬化或者在水中更好地硬化,并能把砂、石等材料牢固地胶结在一起。cement 一词由拉丁文 caementum 发展而来,是碎石及片石的意思。早期石灰与火山灰的混合物与现代的石灰火山灰水泥很相似,用它胶结碎石制成的混凝土,硬化后不但强度较高,而且还能抵抗淡水或含盐水的侵蚀。长期以来,它作为一种重要的胶凝材料,广泛应用于土木建筑、水利、国防等工程。

水泥包括通用硅酸盐水泥和特种水泥两种,其中通用硅酸盐水泥是水泥的主要品种,我们通常所说的水泥及水泥窑协同处理中的"水泥"均指通用硅酸盐水泥。通用硅酸盐水泥由硅酸盐水泥熟料、混合材和石膏组成,其中硅酸盐水泥熟料(简称"熟料")是一种由主要含 CaO、SiO_2、Al_2O_3、Fe_3O_4 的原料按适当比例配合磨成细粉(生料)烧制部分熔融,所得以钙为主要成分的水硬性胶凝物质。

根据中国统计年鉴数据,2021 年我国水泥年产量为 23.77 亿吨,同比降低 0.75%。根据我国近 15 年水泥产量情况(图 4-2),2013 年之前,水泥行业处于高速发展阶段,每年水泥产量的增长速度基本都保持在 10% 以上;2015 年起,随着水泥市场逐渐饱和,水泥产量趋于稳定。水泥产能的严重过剩及行业内的同质化竞争现象,使水泥行业开始陷入整体亏损,亟需寻找新的盈利模式,在此背景下一些水泥企业开展利用水泥窑协同处理固废等以寻找新的增长途径。

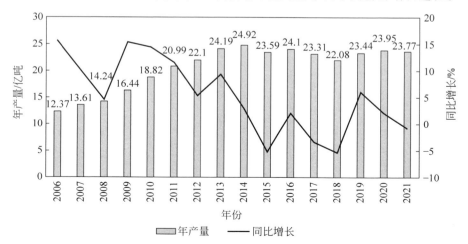

图 4-2 2006—2021 年全国水泥产量及其增长年度统计图

2. 我国水泥窑分布和发展趋势

水泥生产自 1824 年诞生以来,生产技术历经了多次变革。作为水泥熟料生产的中心环节,烧成系统的煅烧设备,从间歇作业的土立窑到 1885 年出现回转窑;1930 年,德国伯力鸠斯公司研制了立波尔窑,用于半干法生产;1950 年,联邦德国洪堡公司研制了悬浮预热器窑;1971 年,日本石川岛公司和秩父水泥公司在悬浮预热技术的基础上研究成功了预分解法,即预分解窑。

窑外预分解技术出现后,受到了世界各国的重视,并且很快出现了许多各具特点的预分解技术。与此同时,生料制备、水泥粉磨等各种水泥生产技术装备与之配套,结合现代电子技术及科学管理方法的应用,形成了目前世界上主流的新型干法水泥生产技术,即以悬浮预热和预分解技术为核心,利用现代流体力学、燃烧动力学、热工学、粉体工程学等现代科学理论和技术,并采用计算机及其网络化信息技术进行水泥工业生产的综合技术。

水泥窑按运动形式主要有两大类,一类是窑筒体卧置(略带斜度)并能作回转运动的,称为回转窑(也称旋窑);另一类窑筒体是立置不转动的,称为立窑。而回转窑作为水泥窑的主要形式,在发展过程中出现了不同的生产方法和不同类型,按生料制备的方法可分为干法生产和湿法生产,与生产方法相适应的回转窑分为干法回转窑和湿法回转窑两类。由于窑内窑尾热交换装置不同,又可分为不同类型的窑。水泥窑的分类和现状大致见表 4-1。

表 4-1　水泥窑类型和现状

生料制备方法分类	煅烧窑结构分类		我国现状
湿法	回转窑	湿法长窑 湿法短窑	已淘汰
半湿法	回转窑	(带料浆蒸发机的回转窑) 湿磨干烧窑	
半干法	回转窑	立波尔窑	
	立窑	普通立窑	
		机械立窑	基本淘汰
干法	回转窑	干法中空长窑	已淘汰
		悬浮预热器窑	极少量
		新型干法窑	主要窑型
		悬浮预热器和预分解窑	

2003 年,我国新型干法生产线处于初级发展阶段,新型干法熟料生产能力占比不到全国熟料总产能的 20%,其中 4000 吨/日及以上生产线实际运营能力仅占新型干法总运营能力的 25.2%,新型干法生产线平均日产规模为 1800 吨。

十多年来,随着我国新型干法技术的逐渐成熟、技术水平的不断提高及水泥产业化进程的不断推进,新型干法技术得到长足发展。目前我国除了还存在极少量的机械立窑和悬浮预热器窑外,其他水泥窑均为新型干法水泥窑,截至 2019 年末,其余水泥窑新型干法熟料产能占全国熟料总产能的比重已超过 99%。

按照全国水泥产品生产许可证在有效期内的统计,2019 年生产通用水泥熟料的企业有 1106 家,较 2018 年(1147 家)减少 41 家,减幅为 3.6%;新型干法水泥回转窑共计 1555 条,较 2018 年(1615 条)减少 60 条,减幅为 3.7%;新型干法通用水泥熟料设计产能为 17.38 亿吨/年,较 2018 年(17.16 亿吨/年)增加 0.22 亿吨/年,增幅为 1.28%;生产通用水泥的新型干法水泥窑单线平均规模为 3605 吨/日,较 2018 年(3428 吨/日)增加 177 吨/日,增幅为 5.16%。在统计的 1555 条新型干法生产线中,规模 4000 吨/日及以上为主,共有 670 条回转窑,熟料年产能为 10.72 亿吨(占总产能 61.66%),其中 $\phi 4.8 \times 74m$、$\phi 4.8 \times 72m$ 和 $\phi 4.8 \times 70m$ 三种窑径规格(5000 吨/日)水泥窑 511 条,熟料年产能为 7.94 亿吨(占总产能 45.68%)。$\phi 4.0 \times 60m$(2500 吨/日)回转窑 485 条,熟料年产能为 3.74 亿吨(占总产能 21.52%)。还有 12 条万吨/日及以上生产线。窑径小于 $\phi 4.0m$(2500 吨/日)生产线有 165 条,具有约 6500 万吨/年生产能力(占总产能 3.74%),此窑径分布最多的是云南省,有 21 条、生产能力为 791 万吨/年,其次是新疆 14 条、生产能力为 539 万吨/年,辽宁和黑龙江都是 11 条,生产能力分别是 403 万吨/年和 409 万吨/年。

3. 水泥生产工艺

硅酸盐水泥的生产过程通常可分为三个阶段:生料制备、熟料煅烧、水泥制成及出厂。生料制备是将石灰石原料、黏土质原料与少量校正原料经破碎后,按一定比例配合、磨细并调配为成分合适、质量均匀的生料;熟料煅烧是生料在水泥窑内煅烧至部分熔融,所得以硅酸钙为主要成分的硅酸盐水泥熟料。水泥制成及出厂是熟料加适量石膏、混合材共同磨细成粉状的水泥,并包装或散装出厂。生料制备的主要工序是生料磨,水泥制成及出厂的主要工序是水泥的粉磨。因此,水泥的生产过程也可称为"两磨一烧"。具体生产流程如图 4-3 所示。

新型干法水泥窑包括熟料篦冷机、水泥回转窑、分解炉、悬浮预热器、生料磨、除尘器等主要设备,如图 4-4 所示。熟料生产原料首先进入生料磨磨制成为粉状的生料,生料经生料均化库均化后依次通过悬浮预热器、分解炉和回转窑最终转化为熟料。与此同时,煤粉从水泥回转窑的窑头和分解炉同时喷入燃烧,燃烧产生的烟气(包括碳酸盐分解产生的废气)与水泥窑系统中的

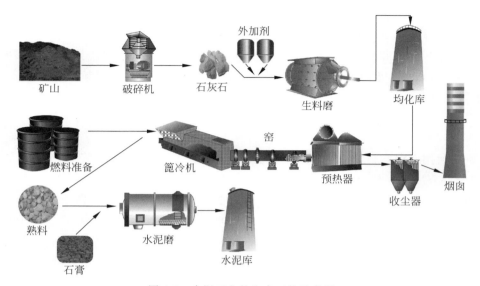

图 4-3　水泥工业的生产工艺示意图

固态物料呈反方向流动,分别经过回转窑、窑尾烟室、分解炉、悬浮预热器、增湿塔、生料磨、除尘器后排入大气。在分解炉和悬浮预热器内,固态物料与水泥窑烟气充分接触呈悬浮流态化状态;在生料磨内,水泥窑烟气对生料起到了烘干的作用。窑尾除尘器收集的粉尘(又称窑灰)全部返回生料均化库与生料混合。

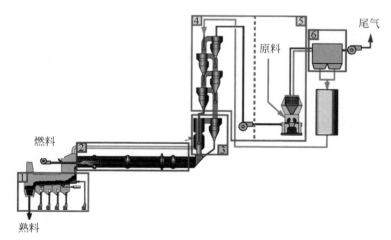

图 4-4　新型干法水泥窑主要设备

1—熟料箅冷机;2—水泥窑;3—分解炉;4—悬浮预热器;5—生料磨;6—除尘器

4. 水泥原料

生产硅酸盐水泥熟料的原料主要有石灰质原料(主要提供 CaO)和黏土质原料(主要提供 SiO_2、Al_2O_3、Fe_2O_3),此外某些成分不足时,还需补充校正原料。

我国硅酸盐水泥熟料一般采用三种或三种以上的原料。通常生产 1t 硅酸盐水泥熟料约消耗 1.6t 干生料,其中干石灰质原料占 80% 左右,干黏土质原料占 10%～15%。

在实际生产过程中,根据具体生产情况还需加入一些其他材料,如加入矿化剂、助熔剂以改善生料易烧性和液相性质等;加入晶种诱导并加速熟料的煅烧过程;加入助磨剂提高磨机的粉磨效果等。在水泥制成过程中,还需在熟料中加入缓凝剂调节水泥凝结时间,加入混合材共同粉磨改善水泥性质和增加水泥产量。水泥生产常用的天然原料和燃料类别见表 4-2。

表 4-2 硅酸盐水泥天然原料和燃料主要类别

类 别		名 称	占原料比例	备 注
主要原料	石灰质原料	石灰石、白垩、贝壳、泥灰岩	约85%	
	黏土质原料	黏土、黄土、页岩、千枚岩、河泥		
校正原料	铁质校正原料	低品位铁矿石	约15%	生产熟料
	硅质校正原料	河砂、砂岩、粉砂岩、硅藻土		
	铝质校正原料	铝矾土		
外加剂	矿化剂	萤石、石膏	少量	生料、水泥粉磨
	晶种	熟料		
	助磨剂	醋酸钠		
燃料	固体燃料	烟煤、无烟煤	约10%	我国常用煤
	液体燃料	重油		
缓凝材料		石膏、硬石膏	约5%	
混合材料		火山灰、石灰石等	占水泥的5%～50%, 一般35%	水泥组分

5. 固废替代水泥原料和燃料

水泥生产原料除了天然原料外,还可以使用多种固废作为替代原料和替代燃料。

1)替代原料

作为替代原料的固废与天然原料具有相似的化学成分,可全部替代或部分替代天然原料;但具有与天然原料相似化学成分的固体废物并不一定都适合作为替代原料,还要综合考虑废物的其他特性,如有害元素和有害成分含量、水分、易烧性、易磨性、矿物类型等。

替代原料多以各种工业废渣为主,主要类别见表 4-3,其中某些废物具有多种替代原料价值。

表 4-3　硅酸盐水泥替代原料主要类别

替 代 目 标	废 物 类 别
替代石灰石质原料	电石渣、氯碱法碱渣、石灰石屑、石灰窑渣、石灰浆、碳酸法糖滤泥、造纸厂白泥、饮水厂污泥、窑灰、肥料厂污泥、高炉矿渣、钢渣、磷渣、油页岩渣等
替代黏土质原料	粉煤灰、炉渣、煤矸石、赤泥、小氮肥厂石灰碳化煤、球灰渣、金矿尾砂、增钙渣、金属尾矿、催化剂粉末、城市垃圾焚烧底灰等
替代铁质校正原料	低品位铁矿石、炼铁厂尾矿、硫铁矿渣、铅矿渣、铜矿渣、钢渣等
替代硅质校正原料	碎砖瓦、铸模砂、谷壳焚烧灰等
替代铝质校正原料	炉渣、煤矸石等
替代矿化剂	铜锌尾矿、磷石膏、磷渣、电厂脱硫石膏、氟石膏、盐田石膏、柠檬酸渣、含锌废渣、铜矿渣、铅矿渣等
替代晶种	炉渣、矿渣、钢渣、磷渣
替代助磨剂	亚硫酸盐纸浆废液、三乙醇胺下脚料
替代缓凝剂	磷石膏、电厂脱硫石膏
替代混合材	活性混合材:粒化高炉矿渣、煅烧后的煤矸石、煤渣、烧黏土、硅质渣、粉煤灰、化铁炉渣、精炼铬铁渣、粒化电炉磷渣、增钙液态渣、钢渣、沸腾炉渣、赤泥、部分金属尾矿、硅锰渣、锰铁渣;非活性混合材:粒化高炉钛矿渣、块状矿渣、铜渣;窑灰

2）替代燃料

理论上具有低位热值的固废均有替代燃料价值,主要包括固态(半固态)替代燃料和液态替代燃料两类,而气态替代燃料比较少见。替代燃料燃烧后的灰分进入水泥熟料,因此灰分高的替代燃料也具有替代原料价值。

固态(半固态)替代燃料包括废轮胎、废橡胶、废塑料、废皮革、废纸、石油焦、焦渣、废纺织物、化纤丝、漆皮、油墨渣、油污泥、木块、木屑、稻壳、花生壳、动物饲料和脂肪、RDF、页岩和油页岩飞灰、聚氨酯泡沫、包装废物、农业和有机废物、由动物脂肪或骨粉等制成的动物饲料、废漂白土、废白土、造纸污泥、生活污水污泥、蒸馏残渣、废煤浆、分拣后的城市生活垃圾和工业废物等。替代燃料的主要类别见表 4-4。

表 4-4　硅酸盐水泥替代燃料主要类别

替代燃料形态	废 物 类 别
固态(半固态)替代燃料	废轮胎、废橡胶、废塑料、废皮革、废纸、石油焦、焦渣、废纺织物、化纤丝、漆皮、油墨渣、油污泥、木块、木屑、稻壳、花生壳、动物饲料和脂肪、RDF、页岩和油页岩飞灰、聚氨酯泡沫、包装废物、农业和有机废物、由动物脂肪或骨粉等制成的动物饲料、废漂白土、废白土、造纸污泥、生活污水污泥、蒸馏残渣、废煤浆等
液态替代燃料	废有机溶剂、废油等

4.1.2　国内外水泥窑协同处理技术发展现状

1. 国外水泥窑协同处理现状

自 20 世纪 70 年代开始,欧洲、日本、美国、加拿大和澳大利亚等一些发达国家和地区就开始了水泥窑协同处理固体废物的研究,并且取得了很大的进展,部分技术已经在实际工程中得到应用并予以推广。

早在 1974 年,加拿大便在 Lawrence 水泥厂进行了首次水泥窑协同处理废弃物的试验,并取得了一定的效果。

美国的水泥厂仅在 1989 年就协同处理了工业危险废物 100 多万吨,是当年用焚烧炉处理有害废物总量的 4 倍。1994 年美国共 37 家水泥厂用工业危险废物作为替代燃料,处理了近 300 万吨工业危险废物,全美国液态危险废物的 90% 在水泥窑进行焚烧处理。美国目前有 18 家水泥企业对危险废物进行了协同处理,这些企业危险废物衍生燃料的总消耗量达到 1 亿万吨。

欧洲联合会自 1994 年开始利用回转窑焚烧工业危险废物,瑞士的 HCB Rekingen 水泥厂成为世界上第一个具有利用-处理废物的环境管理系统的水泥厂。Nordic 公司在它的 Slite 水泥厂采用了废橡胶、废塑料为二次燃料,以替代部分煤粉。荷兰是目前世界上水泥行业使用燃料替代率最高的国家,比利时、瑞士、奥地利、挪威等国燃料替代率也达 50% 以上,与之对比的是我国燃料替代率仅约 2%。

2006 年日本水泥企业的燃料替代率为 10%,替代原料使用总量达到了 2889 万吨,平均每吨水泥使用替代原料 395kg。

2. 国内水泥窑协同处理现状

我国水泥企业协同处理废物种类主要限于常规的工业废渣,如电厂粉煤灰、烟气脱硫石膏、磷石膏、煤矸石、钢渣、高炉矿渣、硫酸渣等。2012 年我国水泥工业综合利用了一般工业固废 9.3 亿吨,水泥工业已成为我国一般工业固废综合利用的主要途径。对于工业危险废物,随着国家于 2013 年发布了《水泥窑协同处置固体废物污染控制标准》,我国水泥窑协同处置工业危险废物(图 4-5)呈现出爆发式的发展态势。截至 2020 年年底,已有超 115 家企业获得水泥窑协同处置危险废物经营许可证,危险废物核准经营能力超过 824 万吨/年。2019 年实际处置危险废物量为 179 万吨,危险废物水泥窑协同处置核准经营能力已远超传统的焚烧处置方式,实际协同处置工业危险废物总量已接近传统的焚烧处置,并超过填埋处置。除此以外,我国水泥企业在应急处理各种事故产生废物方面发挥了一定作用,例如,在各种专项整治活动中收缴的违禁化学品、不合格产品及事故污染土壤等废物的处理,但是这些工作还未形成这一技术所应有的规模,在我国工业固废管理中还不能发挥其应有的作用。我国的水泥企业也很少利用可燃废物作为替代燃料,水泥工业的燃料替代率几乎为零,远低于欧美发达国家的平均水平,即使对于已成功开展连续性和大规模工业固废协同处理业务的水泥企业,也很少协同处理具有替代燃料价值的废物,燃料替代率也很低。在我国水泥市场已接近饱和、固体废物产生量不断增加的大背景下,水泥企业改变以往依托高能耗、物耗的发展方式,通过深化基础理论、关键技术研究,提高水泥生产的燃料替代率和原料替代率,促进水泥窑协同处理技术发展和应用是水泥行业未来发展的必然趋势。

图 4-5　水泥窑协同处理现场

4.1.3　水泥窑协同处理技术要求

1. 协同处理废物特性

1)适宜处理废物特性

在进行水泥窑协同处理时,需满足《水泥工厂设计规范》(GB 50295—2016)

中有关原料与燃料的规定，以及《水泥窑协同处理危险废物设计规范》（GB 50634—2010）的要求，协同处理的废物具有稳定的化学组成和物理特性，其化学组成、理化性质等不应对水泥生产过程和水泥产品质量产生不利影响。

（1）水分、热值

如果将固废作为替代原料及燃料，应符合水泥工厂产品配方的要求，其水分和热值不应对水泥窑正常运转造成影响，保证窑况稳定：

① 作为替代原料的固废，CaO、SiO_2、Al_2O_3、Fe_2O_3 铁灼烧含量总和应达到 80% 以上。

② 作为替代燃料时，热值应大于 11MJ/kg，灰分含量应小于 50%，水分含量应小于 20%。

（2）有害元素

满足生料中对 K/Na、S、Cl 等的要求，在对含有此类物质量较高的废物进行协同处理过程中，必须对其进行严格的控制，以防止对正常的生产造成影响，因废物的有害元素和投加速率有关，将在投加速率章节详细介绍。

（3）重金属含量

满足水泥熟料产品及大气污染排放等的要求，在对含有此类物质量较高的废物进行协同处理过程中，必须对其进行严格的控制，以防止对正常的生产造成影响。

（4）其他物理性能

粒度、黏度、挥发性、闪点、腐蚀性（酸碱性）等物理性能也是固废处理要关注的重点，在符合现有国家标准的前提下，应重点关注入窑物料的粒度应小于 100mm×100mm，腐蚀性控制为 pH 值在 6～10。

2）不宜处理废物特性

在水泥窑中，具有放射性、爆炸性及反应性废物，未经拆解的废电池、废家用电器和电子产品，含汞的温度计、血压计、荧光灯管和开关，未知特性和未经鉴定的废物均不能进行协同处理。

（1）放射性废物

通常放射性废物排除在常规废物之外，其处理程序受专门的核废物相关法律法规制约，必须有特定的许可。由于放射性废物对协同处理操作过程和水泥产品会造成不可控或未知的风险，因此不适合在水泥窑进行处理。

（2）爆炸物及反应性废物

爆炸物和反应性废物，如硝化甘油、烟火、雷管、导火索、照明弹、弹药，之所以将其排除在协同处理之外，是出于职业安全考虑，某些有机过氧化物等在运输、预处理过程中可能有超出控制的爆炸或剧烈反应风险，在水泥窑内的爆炸或剧烈反应对工艺稳定有负面影响。

（3）未经拆解的废电池、废家用电器和电子产品

废电池包括汽车电瓶、工业电池和便携电池。汽车电瓶主要是铅酸电池，工业电池包括铅酸电池和镉镍电池，便携电池包括通用电池（主要是锌碳电池和碱锰电池）、微型纽扣电池（主要是汞、锌气、氧化银、氧化锰和锂电池）和充电电池（主要是镉镍、镍金属氢化物、锂离子和密封铅酸电池）。这些物质协同处理过程中的烟气污染排放和水泥产品环境安全性不易控制，酸性电池中的废酸可能会腐蚀设备影响水泥生产正常运行。废家用电器和电子产品中平均含有45%（重量）的金属，其中重金属和稀有金属所占比例最高，其中的 Cl、Br、Cd、Ni、Hg、PCB 和高浓度溴化阻燃剂等对人类健康和环境有害的物质含量高，烟气污染排放和水泥产品环境安全性不易控制。因此，未经拆解的废电池、废家用电器和电子产品禁止在水泥窑内处理。

（4）含汞的温度计、血压计、荧光灯管和开关

温度计、血压计、荧光灯管和开关含有大量高挥发性的汞元素，在协同处理过程中烟气污染排放不易控制，也不易通过预处理进行稀释满足汞的投加量限制，因此，禁止协同处理含汞的温度计、血压计、荧光灯管和开关。

（5）未知特性和未经鉴定的废物

对未知或未经鉴定分析的废物进行协同处理，将会对处理过程的职业健康安全、水泥生产工艺的正常运行、烟气污染排放、水泥产品质量和环境安全性带来未知和不可控的风险。因此，未知或未经鉴定的废物禁止在水泥窑内进行协同处理。

2. 协同处理窑炉要求

1）窑炉类型和规模

选择新型干法回转窑作为协同处理的主要窑型。尽量利用现有的生产线的设施。从水泥生产的角度看，新型干法窑与其他窑型相比具有巨大优势，具有热耗低、生产效率高、单机生产能力大、生产规模大、窑内热负荷小、窑衬寿命长、窑运转率高等优点，代表了当代水泥工业生产水泥的最新技术，是水泥产业结构调整的方向；其他窑型均属于淘汰窑型，除立窑因数目众多仍需逐渐淘汰外，其他窑型在我国也基本不存在。综合考虑水泥生产和废物协同处理，新型干法回转窑是适合协同处理的最佳窑型。协同处理固体废物应选择 2000 吨/天及以上规模的新型干法窑。分解炉型应尽量选用气体停留时间大于 6s 的分解炉类型。

2）水泥窑设施在改造前应具有良好的窑况

（1）水泥窑烧成系统运转率在 90% 以上

水泥窑运转率是说明企业管理运营水平的关键指标，体现了企业严格和先

进的管理制度和水平,是协同处理固体废物的基础。

（2）大气污染物排放符合国家标准

改造前至少连续两年满足水泥窑常规生产时的大气污染排放标准（即GB 4915），收尘器形式应为袋式除尘器,在线监测应接入当地环保实时监测系统。

（3）能源限额达到或低于国家标准

国家通过制定的现有水泥企业水泥单位产品能源消耗限额值,将目前国内水泥工业能耗高的生产线产能淘汰 20%～30%。同时确定水泥企业水泥单位产品能源消耗限额目标值和新建水泥企业水泥单位产品能源消耗限额准入值,促进各水泥熟料和水泥生产企业加强管理,使水泥单位产品能耗向水泥单位产品能源消耗限额的目标值靠拢。能源限额中的煤耗、电耗体现了企业严格和先进的管理制度和水平,是协同处理固废的基础。

3．废物投加要求

1）废物预处理

水泥窑协同处理主要预处理技术包括破碎、调配、计量等,可根据到厂废弃物的特性选择一种或多种工艺组合,如图 4-6 所示。

（1）固废预处理

对于固废（如塑料、木屑、废包装等）,预处理流程如图 4-7 所示。通过多瓣抓斗喂入破碎系统,多瓣抓斗的材质应根据固废的腐蚀性选择。固废接收及储存地坑周期应考虑调质要求,储存期可设为 3～5 天。部分固废来料为带桶或包装运输,建议设置地面储库储存,但不同种类应做好标识,分区域存放。根据固废的物化性能,可设置一级或二级破碎、调质系统,破碎机可根据物料性质选择剪切式破碎机、辊式破碎机或锤式破碎机。调质系统可采用螺旋结构,应可实现缠绕条状废物自解套,并设置观察孔、防爆阀接口等。如固废来样小于 80mm×80mm,也可不设置破碎系统,直接通过输送系统进入水泥窑生产系统中窑尾烟室内进行无害化焚烧处理。

（2）液态废物预处理

液态废物预处理流程如图 4-8 所示。处理废液通过罐装车辆运输到厂,按种类分类储存,采用耐腐蚀泵泵入储罐内,储罐应按酸、碱、中性分别设置。在寒冷地区,为防止冬季因有机废液冻融断流事故的出现,储罐配置电加热装置,储罐区域采用独立布置,周围设置高度为 1000m 的围堰,并配置污水紧急排放池。储罐上设置液位传感器及温度报警装置,并配置喷淋冷却装置防止出现储存过程中的高温闪燃着火。所需处理的液态废物应经过混合调配,尽量把有热值和无热值的废液进行充分混合,如需要也可以适量地加入一些轻质柴油,处

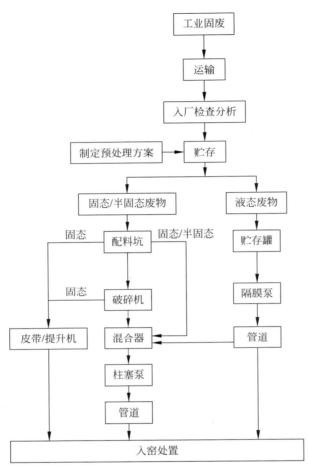

图 4-6 预处理流程

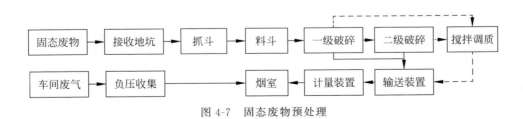

图 4-7 固态废物预处理

理后的工业废液具有适量的热值,能够保证废液自身的气化,从而大大减轻废液的燃烧对新型干法水泥窑系统的影响,当然如果具有更高的热值,也能作为生产的替代燃料处理。

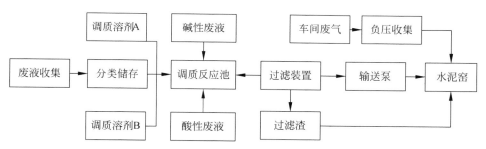

图 4-8 液态废物预处理

如确认各种废液间不产生强烈的化学反应,如发烟、爆炸等,可设置中和调质环节,根据储存废物的物性分别向液态废弃物调质反应池内添加调和液,根据不同的酸碱度情况,自动加入酸或碱溶液,或者在确保没有不良反应及危险物产生的情况下进行废液之间的相互混合,并调整废液的热值,最终调配处理后的废液除具有适量的热值外,还需保证处理后的废液酸碱度适宜。

废液从废弃物调质反应池出来进入过滤装置,经过滤后由输送泵喷枪射入水泥窑窑头进行焚烧。如废液经检测在 1100℃ 以下可彻底焚毁,也可在窑尾烟室焚烧。过滤渣送至半固态处理系统。有机废液输送管道配置加装压缩空气吹扫阀门,在进行废液接受或处理种类调整时应进行管道的压缩空气吹扫作业,以保证管道的洁净性。废液喷射采用柱塞计量泵进行计量,通过调整柱塞泵的电机驱动频率进行流量调节,宜采用电磁流量计进行流量测量校正。

(3)半固态(浆状)废物预处理

对于半固态废物,通过输送、提升装置送至搅拌器与加入的其他处理料进行混合搅拌,以调整其水分含量和可塑性。搅拌后的物料经过计量装置进行计量,最后通过输送泵将废物喂入烟室内进行高温焚烧处理(图 4-9)。

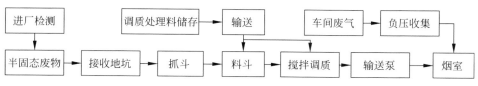

图 4-9 半固态废物预处理

2)投加位置和方式的选择

(1)主燃烧器投加点:主要适于不应含有沉淀物的液态废物(如含 POPs

和高氯、高毒、难降解有机物质的废物和热值高、含水率低的有机废液）。宜采用泵力输送；粉状废物可采用气力输送投加，从多通道燃烧器的不同通道喷入窑内，当废物灰分含量高时，尽量使其达到固相反应带。

（2）窑门罩投料点：主要适于液态废物、极少量的固态废物（如部分热值低、含水率高的有机废液和无机废液）。固废投加时避免废物未充分燃烧或燃烧残渣未充分与物料反应，液态废物投加时可通过泵力输送至窑门罩喷入窑内。

（3）分解炉和上升管道投料点：主要适于粒径较小的可燃固废，含水率高的不可燃废物不建议从此处投加。粒径较小的固废可由下料管喂入分解炉；液态或小颗粒状废物在对分解炉燃烧器的气固相通道改造后亦可在此处投加。

（4）窑尾烟室：主要适于各种形态的不可燃废物。窑尾烟室投加的液态废物、浆状废物可通过泵力输送，粉状废物可通过密闭的机械传送带或气力输送，大块状废物可通过机械传送带输送。

（5）原料磨投加点：主要适于固废（如不含有机物和挥发、半挥发性重金属的固废）。可采用与输送和投加常规生料相同的设施和方法。

4. 污染控制要求和标准

1）控制要点和措施

水泥窑协同处理废物时应保证水泥行业正常环保要求，同时还应执行国家关于固废协同处理相关污染控制标准、规范的规定。

（1）重金属防治

水泥窑协同处理工业固废，重金属可能由原料、燃料等不同途径带入系统，所有进入系统的重金属最终均以尾气或熟料固体的形式排出系统，因此，水泥窑的重金属控制需要综合考虑原燃料、废弃物的含量。只要总量对尾气排放和熟料质量没有影响或符合相关排放标准就是安全的。

（2）二噁英和呋喃

焚烧过程控制。主要为优化焚烧过程，从而有效降低飞灰中的残碳量和前驱体的含量，避免二噁英的大量合成，多采用 3T+E，即燃烧温度（temperature）、烟气停留时间（time）、搅动现象（turbulance）和空气供给量（excess air）的原则来实现。

控制氯源。对于现代干法水泥生产系统，为了保证窑系统操作的稳定性和连续性，常对生料中干扰生产操作的化学成分（$K_2O + Na_2O$、SO_4^{2-}、Cl^-）的含量进行控制。固体废物带入烧成系统的 Cl^- 和常规生料中的 Cl^- 的总含量满足生产要求，保证了 Cl^- 不超标。这部分 Cl^- 在水泥煅烧系统内可以被水泥生料完全吸收,不会对系统产生不利的影响。而被吸收的 Cl^- 以 $2CaO \cdot SiO_2 \cdot$ $CaCl_2$(稳定温度为 $1084 \sim 1100℃$)的形式被水泥生料裹挟到回转窑内,夹带在熟料的铝酸盐和铁铝酸盐的熔剂性矿物中被带出烧成系统,不会成为二噁英的氯源,使得二噁英失去了形成的条件。

（3）异味

对于产生异味的恶臭污染,主要采用控制和隔离的方法。首先采用封闭式的运输车收集固废,车间密封并形成负压,通过引风机将车间内气体引向水泥窑篦冷机系统,用于冷却用风。转运车辆通过密封门将废物卸入储存区域,防止异味外散。废弃物进入水泥窑系统后,在 $1000℃$ 以上的高温区域和富氧的条件下进行燃烧,和专业的焚烧炉相比,水泥窑分解炉具有更大的湍流度、更高更稳定的温度场、更长的气体和物料停留时间,完全可以保证废物中有机物质的彻底分解,不会在水泥窑烟气中存在有机恶臭气体的残留。

2）相关国家标准

《水泥工业大气污染物排放标准》(GB 4915—2013);

《水泥窑协同处理危险废物设计规范》(GB 50634—2010);

《水泥窑协同处置固体废物污染控制标准》(GB 30485—2013);

《水泥窑协同处置固体废物环境保护技术规范》(HJ 662—2013);

《水泥窑协同处置固体废物技术规范》(GB 30760—2014);

《污水综合排放标准》(GB 8978—1996);

《城市污水再生利用 城市杂用水水质》(GB/T 18920—2020);

《恶臭污染物排放标准》(GB 14554—2018);

《声环境质量标准》(GB 3096—2008);

《城市区域环境振动标准》(GB 10070—1988);

《工业企业厂界环境噪声排放标准》(GB 12348—2008);

《通用硅酸盐水泥》(GB 175—2023)。

4.1.4 其他建材行业窑炉

陶粒窑、烧结砖窑等高温建材生产窑炉从原理上具备协同处理有机类固体废物的潜力,免烧砖、免烧陶粒等建材非高温生产工艺从原理上具备协同处理无机类固体废物的潜力。但相比水泥窑协同处理,其他建材生产窑炉的协同处理技术基础更为薄弱,急需开展协同处理污染控制理论、协同处理固体废物筛选技术、协同处理产品环境安全评估技术的研究,充分发挥水泥窑外其他建材窑炉协同处理固废的潜力。

1. 陶粒窑

陶粒是由各种原料(基质)掺合必要的辅助添加剂(如黏结剂、膨胀剂及产气剂等),经破碎或粉磨后加工成型,然后再通过高温焙烧或化学养护等工艺过程加工而成的一种人造轻质材料。堆积密度小于 1100kg/m³,粒径一般在 5~20mm,表面有陶质或釉质外壳,具备一定筒压强度,陶粒中小于 5mm 的细颗粒习惯上被称为陶砂。陶粒一般作为一种建筑用轻集料,以其质轻、高强的特性受到人们的重视,其陶质或釉质的坚硬外壳,内部有许多微孔,故具有良好的隔水保气、保温耐热作用。广泛应用于建筑轻集料、水处理用过滤材料、吸音材料和园林园艺等,并日益发挥其重要作用。

我国于 20 世纪 50 年代开始研制陶粒,并于 1966 年在天津市硅酸盐制品厂建成我国第一条工业化烧结机生产粉煤灰陶粒生产线。20 世纪 80 年代开始,我国开始重点发展回转窑法烧胀陶粒。2021 年西安墙材协会调研结果显示,全国陶粒生产企业约 172 家,总产能约 1620 万 m³/年,产业总体规模快速增长,我国已成为世界上最大的陶粒生产国。

(1) 陶粒窑炉类型

按照陶粒生产工艺可以将陶粒分为烧结型、烧胀型和免烧型,不同生产工艺的特点和使用窑炉情况见表 4-5。

表 4-5　陶粒类型及炉型

炉型	特 点	用 途	代 表 炉 型
烧结型	烧制过程体积不膨胀,密度较大	结构保温混凝土或结构保温混凝土制品	主要采用烧结机法,以英国"莱太克"体系技术和日本的"FALight"技术体系为代表
烧胀型	烧制过程中体积扩大,密度小,有大量的气孔,具有优良的保温、隔热、吸音等性能	应用于保温隔热混凝土、保温隔热型制品及过滤、吸音材料等	均采用回转窑法
免烧型	投资少、生产工艺简单、更换品种快	陶粒在园艺园林应用比较多	自然养护为主

目前我国陶粒的生产设备大都采用的是工业回转窑。圆筒形的主窑体以与水平呈 3°左右的倾角放置在托滚上。物料在高的一端进入窑内,在窑体做回转运动的作用下,物料从高处(窑尾)滚落至低处(窑头),同时,在窑头处,高压风机将煤粉(或天然气等其他燃料)喷入窑内,并使其充分燃烧,产生的热量使物料发生物理和化学变化,产生膨胀现象,冷却后即为陶粒。

陶粒回转窑的工作区可以分为三段,即干燥段、加热段、焙烧段,其结构如图 4-10 所示(以页岩陶粒为例),燃料由窑头加入,原料(页岩)由窑尾送入,随着窑体不断旋转逐渐运动到窑头方向,在此期间,页岩经过干燥、加热和焙烧后成为陶粒。

图 4-10　陶粒窑现场和陶粒产品

（2）陶粒生产工艺流程

陶粒是通过筛分、破碎、搅拌、造粒、烧制的一整套流程,将无机材料烧制成轻质强度高的骨料而成,生产工艺如图 4-11 所示。

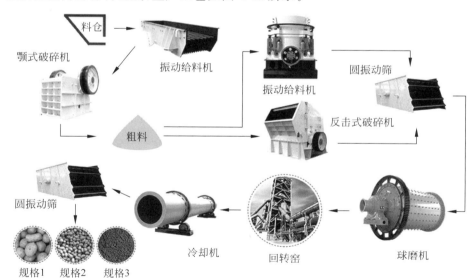

图 4-11　陶粒生产工艺

（3）陶粒窑协同处理固废

国内外几十年生产实践证明，根据各地资源条件不同，可分别采用黏土、页岩、粉煤灰、污泥或其他固废生产陶粒。根据用途和市场需要，可以生产不同堆积密度和粒度的陶粒产品（超轻陶粒、结构保温用陶粒、结构用陶粒），也可生产有特殊用途的陶粒，如耐高温陶粒、耐酸陶粒和花卉陶粒等。

2. 烧结砖窑

我国烧结砖总产量居世界第一位，约占全球产能的 60%。2018 年我国有砖生产企业约 3.5 万家，年生产烧结制品约 8100 亿块，其中黏土实心砖约 2500 亿块，空心制品 2500 多亿块（折标砖）；各种利废（煤矸石、粉煤灰和各种废渣）和环保新型墙体材料产品得到快速发展，年产近 3000 亿块（折标砖）。其中，年产 6000 万块及以上的企业约占 16%（5000 多家），年产 3000 万～6000 万块的企业占 42%（15000 多家），年产 3000 万块以下的企业占 42%（15000 多家）。年产 6000 万块及以上的大型企业在逐年增加，年产 3000 万块以下的小型企业呈逐年下降趋势。根据中国砖瓦协会的最新统计，2021 年规模以上企业 1—7 月砖产品产量为 2002.84 亿块，比 2020 年同期增长 1.9%，受到建筑业和环保政策压力的影响，砖行业整体产能呈下滑趋势。

我国烧结砖工业量大面广，但企业相对落后，单个企业污染物排放量不高，但整个行业企业众多、产能巨大，大污染物排放总量相对较高，随着我国城市建设步伐加快，砖烧结制品已经从广泛分布在全国各地逐渐发展到主要在三四线城市及广大农村地区应用。砖产品的运输半径很小，一般在 50～100km，砖生产企业大多分布在这些应用市场的周边地区。

（1）烧结砖窑炉类型

当前，我国的墙体建筑用砖多采用不同产能、不同规格的连续隧道型窑室（简称隧道窑）焙烧生产。隧道窑从模式上分为固定式和移动式，从形态上分为直通道形和环形，固定式直通道窑又分为一体窑（干燥和焙烧共用一条隧道）和分体窑（干燥和焙烧窑并排布局，分开使用），目前分体窑在国内墙材业占比最大。直通道固定式隧道窑历史悠久、生产建设经验丰富、适用范围最广（尤其是在制坯原料对气候敏感性高的地区），且烟气排放方面容易达到环保标准；环形移动式隧道窑出现较晚但发展迅猛，因投资相对较低而富有吸引力，但烟气处理难度较大，仅适合冬季无霜冻地区。

隧道窑是借助原料和燃料的热量，对制品及半成品进行干燥、预热、烧成、保温、冷却。总体可以分为预热带、烧成带、冷却带三部分。预热带主要对坯体预热、干燥、脱水，使它安全地进入高温烧成带；烧成带对高温坯体继续加热，使其在高温区熔融、结晶、固化,完成物理化学反应过程;冷却带保证制品的冷却而不炸裂。

（2）烧结砖生产工艺

砖窑行业在我国已有很多年,生产烧结砖主要有四个过程,首先是原料的处理,即制备过程,包括风化、破碎、粉碎、剔除杂质、漂河粒度分级、配料、干燥和脱水、热处理、陈化等工序;其次,制备好的原料,按既定要求压制成砖坯;然后,已成型的砖坯需要一个干燥过程;最后是烧成工序,具体生产工艺如图4-12所示。

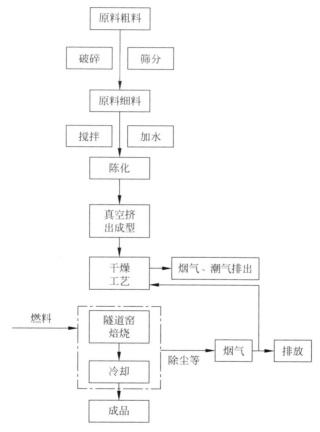

图4-12 隧道窑生产烧结砖工艺流程

（3）协同处理固废

砖窑（图4-13）在固废协同处理上适应性非常强,对不同特性的废渣、废料、污泥都有比较好的消纳能力。随着近些年来砖行业治理设施的升级改造、企业管理水平的提升,部分企业从理论上也能够满足处理固体废物的技术要求。

图 4-13　烧结砖窑现场和烧结砖产品

4.2　高温锅炉协同处理

4.2.1　高温锅炉概述

1. 高温锅炉分类

高温锅炉是一类利用燃料、电或者其他能源将炉内的水加热蒸发,使其成为具有一定温度和压力的过热蒸汽,并通过对外输出介质的形式提供热能的设备。锅炉一般按照燃烧方式,即"燃料与空气的相对运动方式"进行分类。随着空气通过燃料速度的增大,燃烧方式可以分为固定床、鼓泡床、快速床和气力输送。其中采用固定床燃烧方式的锅炉称为层燃炉;层燃炉又可以分为手烧固定炉排锅炉、倾斜活动炉排锅炉、链条炉和抛煤机锅炉。采用鼓泡床和快速床燃烧方式的锅炉分别为鼓泡流化床炉(BFB)和循环流化床炉(CFB),二者统称为流化床炉。采用气力输送的锅炉称为室燃炉,按照燃料不同可进一步分为煤粉炉、燃油炉和燃气炉。因此,高温动力锅炉按照锅炉进行分类,包括层燃炉、流化床锅炉和室燃炉三大类。

(1)层燃炉

层燃炉的特点是有一个金属栅格——炉排(或炉篦子),燃料在炉排上形成均匀的、有一定厚度的燃料层进行燃烧。层燃炉中煤的燃烧过程可划分为预热干燥阶段、挥发分析出并着火阶段、燃烧阶段和燃尽阶段。

在层燃炉工作过程中,一般要进行三项主要操作:加煤、除渣和拨火。所谓拨火就是拨动火床,其目的在于平整和松碎燃料层,使火床的通风均衡、流畅,并除去燃料颗粒外部包裹的灰层,从而使燃料迅速而完全地燃烧。

按照燃料层相对于炉排的运动方式,层燃炉可分为燃料层不移动的固定火床炉,如手烧炉和抛煤机炉;燃料层沿炉排移动的炉子,如倾斜推饲炉和振动炉排炉;燃料层随炉排一起移动的炉子,如链条炉。

层燃锅炉工质温度和压力较低,因而适应性较广,被广泛应用于工业企业、交通运输及人民生活中,是我国目前工业锅炉中应用最多的一种燃烧设备。小容量锅炉($<1t/h$),如固定炉排层燃炉,通常燃烧效率不高,对环境的污染也很严重。主要设备包括料斗、炉排、炉膛和尾部受热面、除尘器、引风机和烟囱。

(2)流化床锅炉

流化床燃烧又称沸腾燃烧,这种燃烧方式具有低温、强化燃烧的特性。流化床中的温度一般在$850\sim950℃$。这个温度由煤的灰渣变形温度决定,如果温度超过灰的变形温度,则会出现大面积结渣,流化床燃烧条件就被破坏。低温、强化燃烧的特性使流化床锅炉具有对燃料适应性强、能降低污染、炉渣可综合利用等优点。

流化床燃烧的另一个重要特点是能实现低污染燃烧。流化床燃烧属于低温燃烧,几乎没有温度型氧化氮产生,烟气中氮氧化物含量相比于其他燃烧方式的含量成倍减少。流化床中燃烧高硫煤时,加入脱硫剂可以实现在床内有效而方便地脱硫,减小烟气中的硫化物排放浓度,比煤粉燃烧从烟气中脱硫的投资费用大大降低。

流化床电厂的典型工艺流程如图 4-14 所示。其流程如下:原煤进入煤场,经过破碎后通过输煤栈桥运送到原煤斗,通过给煤机进入流化床。煤在流化床锅炉燃烧后产生过热蒸汽,过热蒸汽驱动蒸汽轮机和发电机产生电力。流化床锅炉燃烧后产生的烟气经过电袋除尘器后,排入烟囱。

(3)室燃炉

室燃炉按照燃料不同可分为煤粉炉、燃油炉和燃气炉,都属于悬浮燃烧。悬浮燃烧就是将煤磨成细粉(煤粉颗粒多小于$100\mu m$),然后由空气送入炉膛中在悬浮状态(煤粉运动速度与炉膛中气流速度基本相同,煤粉在炉膛中的停留时间为$1\sim2s$)下燃烧。对于液体和气体燃料,则通过燃烧器的配风后直接入炉燃烧。燃油炉和燃气炉没有制粉系统,而煤粉炉的系统要复杂得多,细小的煤粉颗粒进入炉膛后,在高温炉内火焰和烟气的加热下,把水分蒸发掉,然后随着温度升高,煤粉挥发析出并燃烧,直至煤粒变成高温的焦炭颗粒,最后焦炭燃尽。

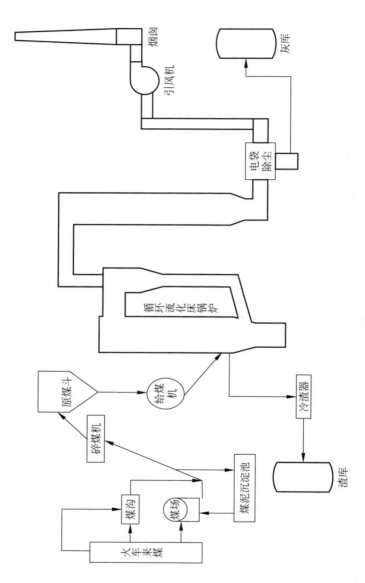

图 4-14 流化床电厂的典型工艺流程

对煤这种固体燃料来说,在锅炉容量较小(在我国,一般为 10kg/s 以下的锅炉)时多采用层燃方式,即将煤块(小于 40mm)放在炉排上成层地燃烧,而对于电站锅炉,由于容量大,则把煤磨成细粉进行悬浮燃烧。燃煤的室燃炉即煤粉炉(室燃也叫悬浮燃烧,气体及液体燃料都采用这种燃烧方式)。煤粉炉是我国电厂生产的主要锅炉型式。其流程如下:原煤进入煤场,经过磨煤机磨细后,通过一次热风将煤粉送入煤粉锅炉。煤在煤粉锅炉燃烧后产生过热蒸汽,过热蒸汽驱动蒸汽轮机和发电机产生电力。煤粉锅炉燃烧后产生的烟气经过静电除尘器后,排入烟囱。

2. 国内高温锅炉分布现状

按照容量,锅炉可以分为电站锅炉和工业锅炉。锅炉容量在 10～264kJ/h 的为工业锅炉,高于这一容量的为电站锅炉。根据国家市场监督管理总局《全国特种设备安全状况情况通报》,截至 2020 年,我国共有锅炉 35.59 万台,电站锅炉约 8000 台。其中工业锅炉总产量约为 43.9 万蒸吨,电站锅炉总产量约为 23.1 万蒸吨,总发电量约为 7.4 亿千瓦时。

(1)电站锅炉

据有关电力行业统计,截至 2020 年年底,全国发电装机容量为 25.64 亿千瓦,其中火电为 13.32 亿千瓦,占全部装机容量的 51.95%。

目前,国内电厂运行的机组还是以煤粉炉为主,但循环流化床锅炉也有了较快发展。层燃炉很少。自 1995 年首台 50MW CFB 锅炉投运以来,在短短的 10 年间,我国完成了从高压、超高压到亚临界 300MW 循环流化床锅炉技术的飞跃。据不完全统计,目前我国拥有超过 3000 台 CFB 锅炉,占全球 CFB 锅炉总数的 60%。我国 CFB 总容量已近 1 亿千瓦,是世界上 CFB 锅炉数量最多、容量最大的国家。

(2)工业锅炉

工业锅炉主要用于工业生产和采暖发电,广泛应用于各重工业领域,如造纸、化工、食品、石油等,锅炉容量比电站锅炉小,但数量庞大,分布广泛,用于协同处理的机会更多,具有明显优势。全国在用工业锅炉中,<35t/h 的锅炉约占总容量的 99%,其中≥20t/h 的不到 20%,2～10t/h 的占 75%,≤1t/h 的占 5%;电站锅炉装机容量大、运行效率高,其中以煤粉炉和流化床为主,煤粉炉容量占 80% 以上。2015 年年底,全国 44 家工业锅炉定型产品测试机构共出具锅炉定型产品测试报告 4000 余份,涉及锅炉容量折合 3 万多蒸吨。被测产品按不同燃料类型分类,燃煤锅炉、燃油/气锅炉和燃生物质锅炉分别占 68%、26%、6%。无论从台数还是容量来看,燃煤锅炉仍是工业锅炉的主流。在燃煤工业

锅炉中以层燃锅炉为主,约占燃煤工业锅炉总容量的 95%,循环流化床锅炉数量不多,占燃煤工业锅炉总容量的 3%～5%。

4.2.2 国内外高温锅炉协同处理技术研究现状

1. 国外高温锅炉协同处理废物技术现状

美国环保署(EPA)的统计数据显示,美国现有固废处理焚烧炉、锅炉或工业窑炉 551 台,单位 229 家,其中协同处理锅炉 127 台。但是,大多数是液体燃料炉、煤粉炉和层燃炉,几乎没有流化床炉。

在过去十几年里,以固废作为替代燃料的电站锅炉协同处理技术发展迅速。国际能源署(IEA)对全球 243 个生物质协同处理电站锅炉进行了分析。其中,数量最多的炉型是煤粉炉,约有 108 台。鼓泡流化床炉和循环流化床炉也占有相当的数量,分别有 47 台和 41 台。剩余的还有少量的旋风锅炉和炉排炉。

欧洲有 135 个设计燃煤电厂进行生物质混烧。其中芬兰有 14 台协同处理电站,其中 CFB 锅炉 2 台,BFB 锅炉 10 台,炉排炉 1 台,间接生物质气化炉 1 台。奥地利有 4 台,其中煤粉炉 1 台,CFB 锅炉 3 台;瑞典有 7 台,其中煤粉炉 2 台,FB 锅炉 4 台,炉排炉 1 台;匈牙利有 5 台;英国有 16 台,其中煤粉炉 14 台,CFB 锅炉 2 台。然而协同处理仍会受一些技术及非技术方面因素的影响。比如,技术因素如燃料制备、存储、运输和燃料适应性(数量和质量),灰的沉积、污染物的形成加剧了个别部件高温腐蚀,改变了床料成分(尤其是流化床)和飞灰利用(未燃尽碳、污染物),导致内部能耗增加、燃尽率低及煤和生物质在锅炉中的混合难、锅炉积垢和腐蚀等。非技术因素包括经济上缺少财政激励、燃料价格不确定性、市场公开性、立法上污染物排放标准及公众对废物协同处理的看法等。

2. 国内高温锅炉协同处理废物技术现状

近年来,我国电厂锅炉协同处理一般固废有小范围应用,全国有数十项,协同处理的废物类别主要包括农林生物质、生活污泥、印染污泥等。2017 年,国家能源局、环境保护部开展燃煤耦合生物质发电技改试点工作,最终确定了 84 个试点单位,其中 82 个试点单位协同处理的废物类别为农林生物质废物和生活污泥,另外 2 个试点单位协同处理的废物类别为生活垃圾。

电厂锅炉协同处理危险废物目前在我国仅有个别工程试验和应用案例,协同处理的危险废物类别主要包括抗生素药渣、含油污泥、煤液化油渣、制革污泥等。2017 年山东华新环保技术有限公司利用循环流化床锅炉协同处理油田含油污泥,我国另有河南一家和贵州两家锅炉协同处理单一类别危险废物项目已取得了危险废物经营许可证(河南为抗生素药渣,贵州为油基岩屑(图 4-15))。此外,我国还有少数利用自有锅炉协同处理自产危险废物的项目,如 2014 年中国神华煤制油化工有限公司鄂尔多斯煤制油分公司利用自有循环流化床锅炉协同处理自产煤液化残渣、2020 年伊犁新天煤化工有限责任公司利用自有煤粉床锅炉协同处理自产煤气化焦油残渣和污水处理污泥。近两年有多家环保公司和电力企业开始推进锅炉协同处理危险废物项目,但目前仍停留在工程试验或环评阶段。

图 4-15　煤粉炉协同处理油基岩屑

为规范燃煤锅炉协同处理固体废物,2015 年山东省环保厅率先出台了地方标准《油田含油污泥流化床焚烧处置工程技术规范(试行)》(DB37/T 2670—2015),2021 年 1 月,国家标准《燃煤锅炉协同处理固体废物污染控制标准》编制工作正式启动,编制周期为 2021—2023 年。

4.2.3　高温锅炉协同处理技术要求

1. 协同处理锅炉要求

层燃炉虽然应用广泛,但是通常规模较小,温度和压力较低,燃烧效率不高,燃料在其炉内的停留时间很短,显然不适合协同处理废物。鼓泡流化床锅炉也存在类似情况,且应用较少,也不适合协同处理危险废物。燃油炉和燃气炉属于悬浮燃烧,无法燃用固体燃料,当然也不适宜协同处置废物。

因此,从技术成熟度以及应用规模上来看,应选择循环流化床锅炉或煤粉锅炉作为协同处理的炉型。循环流化床锅炉和煤粉锅炉作为火力发电的主流装备,其技术成熟度高、规模大、管理相对规范,且两种炉型锅炉内的高温环境满足废物无害化处理的条件,因此是适合危险废物协同处置的最佳炉型。

协同处理锅炉还需要满足单炉额定蒸发量不小于 65t/h,锅炉规模越大,其技术水平和管理水平相对越高;炉膛出口应配备温度、压力和氧气浓度连续监测系统,是保证锅炉协同处理运行工况稳定的充分条件。对于污染物控制方面,协同处理锅炉需要安装高效脱硫脱硝除尘设施并达到超低排放水平,对于改造利用原有设施协同处理废物的锅炉,在改造之前原有设施大气污染物排放应连续两年达到《火电厂大气污染物排放标准》(GB 13223—2011)的要求。这表明锅炉在协同处理废物前具有良好的运行工况,其污染物控制技术水平相对较高。

2. 协同处理废物投加要求

锅炉协同处理的废物具有稳定的化学组成和物理特性,其化学组成、理化性质等不应对锅炉的正常运行产生不利影响。

对于投加固态废物的循环流化床锅炉,建议通过固态废物给料机、给煤机、密闭式混合给料机从炉膛设计燃料入口投加,不需要对炉膛进行改造。对于液态和气态废物,由于要安装废物喷枪,需要在稀相区位置的两侧墙投加口处开孔,孔的大小根据喷枪直径确定。孔的个数也需要依据给料量确定。

对于投加固态废物的煤粉锅炉,比如渣类,如果不需要经过特殊处理,不需单独设计一个固体废物的储仓,只需与煤粉放在固定的位置储存,磨制好的固体废物和煤一起,通过原有的煤粉燃烧器入炉,不需要对炉膛进行改造。对于液态废物,需要制成水煤浆入炉,燃烧器需要进行改造,以便适合水煤浆的燃烧。对于气态废物,需要在炉膛的适当位置开孔,专门设置气态废物燃烧器进行燃烧。

对于满足燃料要求的废物,可以直接与煤混合后,一起投入炉膛燃烧。对于不满足燃料要求的废物,对于循环流化床锅炉,需要先和煤一起进行破碎,达到粒度小于 12mm 后再与煤一起入炉。对于煤粉锅炉,需要先和煤一起进行磨制,达到粒度小于 $200\mu m$ 后再与煤一起入炉。

3. 污染控制要求和标准

我国目前尚未颁布锅炉协同资源化利用固废的专用污染控制标准,锅炉协同资源化利用应执行锅炉行业相关污染控制标准。我国现有两个与锅炉污染控制相关的标准,分别为《锅炉大气污染物排放标准》(GB 13271—2014)和《火电厂大气污染物排放标准》(GB 13223—2011),但其中仅规定了颗粒物、二氧化硫、氮氧化物及汞的排放限值。废物燃烧过程可能产生的氯化氢、氟化氢、二噁英、总烃及汞之外的其他重金属均未涉及,只能参照执行《水泥窑协同处置固体废物污染控制标准》(GB 30485—2013)、《生活垃圾污染控制标准》(GB 18485—2014)及《危险废物焚烧污染控制标准》(GB 18484—2020)中的排放限值。然而,锅炉的热工特性、污染控制设施和污染物排放特性与传统焚烧炉存在重大差别,锅炉协同资源化处理固废执行传统焚烧炉污染控制标准并不科学。近年来,有关部门也意识到了我国锅炉协同处理污染控制标准的缺失,2021 年 1 月国家标准《燃煤锅炉协同处理固体废物污染控制标准》编制工作正式启动,编制周期为 2021—2023 年。

从地方层面来看,目前仅山东省和上海市出台了锅炉焚烧处理固体废物标准。2014 年,山东省环境保护厅发布《油田含油污泥流化床焚烧处理工程技术规范(试行)》(DB37/T 2670—2015),规定了采用循环流化床锅炉掺烧油田含油污泥的要求;2021 年,上海市生态环境局发布《燃煤耦合污泥电厂大气污染物排放标准》(DB 31/1291—2021),就上海市辖区内燃煤耦合城镇污水处理厂污泥发电锅炉的大气污染物排放限值、监测和监控等要求进行规定。

4.3　冶金工业窑炉协同处理

4.3.1　冶金工业窑炉概述

1. 冶金工业

冶金就是从矿石中提取金属或金属化合物,用各种加工方法将金属制成具有一定性能的金属材料的过程和工艺。冶金技术主要包括火法冶金、湿法冶金及电冶金。按照产品性质分类,冶金工业可以分为黑色冶金工业和有色冶金工业,黑色冶金主要包括生铁、钢和铁合金(如铬铁、锰铁等)的生产,有色冶金包括其余各种,如铝、镁、钛、铜、铅、锌、钨、钼、稀土、金、银等金属的生产。

(1) 钢铁工业

我国钢铁工业规模巨大,相关数据显示,截至 2020 年年底,我国钢铁行业规模以上企业达 5173 家,实现主营业务收入达 72777 亿元,利润率达到 3.39%,利润总额为 2464 亿元。根据中国钢铁工业协会历年的产能数据,"十一五"期间我国粗钢总产量超过 26 亿吨,5 年间,粗钢产量的平均增幅为 12.40%。"十二五"期间,钢铁市场萎缩,但是粗钢产量仍呈增长趋势,2011—2021 年我国钢铁产量变化趋势如图 4-16 所示。根据 2021 年各省份的钢铁产量数据,全国钢产量前五的省份分别是河北省、江苏省、山东省、辽宁省和山西省,分别为 2.25 亿吨、1.19 亿吨、0.76 亿吨、0.75 亿吨和 0.67 亿吨。其中仅河北一省产量就占全国产量的 21.73%,排名前五的省钢铁产量占全国产量的 54.40%,我国钢铁工业呈现产能分布不均的特征。

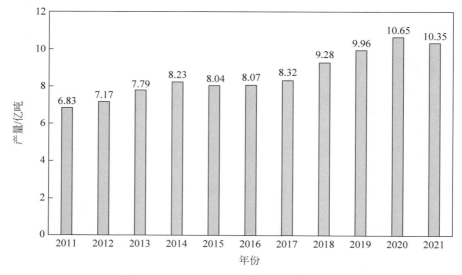

图 4-16　2011—2021 年我国钢铁产量变化

根据世界钢铁协会数据(图 4-17),2021 年全球钢铁产量达到 19.51 亿吨,比 2020 年增长 3.88%。其中,我国钢铁产量位居全球第一,为 10.35 亿吨,同比降低 2.81%,占全球产量的一半以上;其次是印度,产量为 1.18 亿吨,同比上升 18.04%,占全球钢铁总产量的 6.05%;日本居第三位,产量为 0.96 亿吨,同比上升 15.66%,占全球钢铁产量的 4.92%。

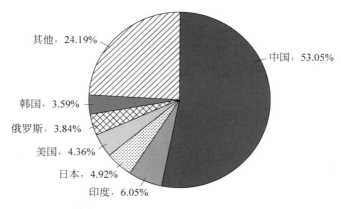

图 4-17　2021 年世界钢铁产量分布

自 20 世纪 70 年代以来,美国、日本、俄罗斯等主要产钢国在粗钢产量达到峰值后,钢铁生产和消费均出现不同程度萎缩。但这些主要国家最终通过兼并重组提高行业集中度,提升资源掌控能力和市场话语权,从而降低成本,增强市场竞争力。目前,美国、日本、俄罗斯、韩国、德国等粗钢产量排名前 3 的钢铁企业占全国的比重均超过 50%。我国钢铁目前虽然产量高,但企业集中度低,企业的联合重组是中国钢铁的必由之路。

（2）有色工业

有色金属是国民经济发展的基础材料,航空、航天、汽车、机械制造、电力、通信、建筑、家电等绝大部分行业都以有色金属材料为生产基础。有色金属已成为决定一个国家经济、科学技术、国防建设等发展的重要物资基础,是提升国家综合实力和保障国家安全的关键性战略资源。作为全球有色金属生产第一大国,我国在有色金属研究领域,特别是在复杂低品位有色金属资源的开发和利用上取得了长足进展。

近年来,有色金属行业持续深化供给侧结构性改革,推进传统产业控产能、促转型,加快高端产业强基础、补短板,推动行业高质量发展,行业运行整体平稳。据中国有色金属工业协会统计,2021 年,10 种有色金属[①]产量平稳增长,根据国家统计局数据,10 种有色金属产量为 6168 万吨,同比增长 5.5%。其中电解铝、精炼铜、铅、锌产量分别为 3708 万吨、1003 万吨、644 万吨、643 万吨,分别同比增长 4.9%、7.4%、9.4% 和 2.7%。虽然经过多年发展,我国有色金属行业有了明显进步,但仍存在集中度低、规模效益差、资源分散等缺陷,因此为不断提升有色金属行业发展质量效益,必须推动传统产业转型升级,加快智能化改造,实现高端、绿色、低碳、安全发展,提升有色金属新材料高端供给能力,拓展内需市场,助力形成双循环格局。

2. 钢铁工业典型流程和主要类型窑炉

现代钢铁联合企业主要工艺流程包括铁前准备、高炉炼铁、转炉炼钢、炉外精炼、连铸等工序。其工艺流程如图 4-18 所示。

（1）铁前准备,主要包括铁矿石造块烧结、球团和焦化生产。铁矿石造块烧结或球团就是把铁矿粉、熔剂、燃料及返矿按一定比例制成块状或球状冶炼原料的一个过程,主要设备有烧结机系统、球团链箅机—回转窑系统。焦化即通过炼焦炉使配煤形成质量合格焦炭的过程,主要设备是炼焦炉系统。

（2）高炉炼铁,是指将铁矿石、焦炭及助熔剂由高炉顶部加入炉内,再由炉

---

① 10 种有色金属是指包括铜、铝、铅、锌在内的有色金属中生产量大、应用比较广的十种金属,具体是指铜、铝、铅、锌、镍、锡、锑、镁、海绵钛、汞。

下部风口鼓入高温热风和燃料(煤粉、天然气、重油、焦炉煤气等),产生热量及还原气体,还原铁矿石,熔融铁水与熔渣,主要设备是高炉冶炼系统,包括高炉、热风炉、喷煤等。

(3)转炉炼钢,是指以铁水、废钢、铁合金为主要原料,在反应器内完成脱碳、脱氧、脱磷等任务,得到成分和温度均满足要求的钢水,主要设备包括转炉和电弧炉。

(4)炉外精炼,是指将转炉、电炉初炼的钢水转移到另一个容器(主要是钢包)中进行精炼,也称"二次冶金"或钢包精炼,主要包括 LF 炉、RH 炉、AOD 炉、VOD 炉等。

(5)连铸,即连续铸钢,就是将合格钢水在铸机中冷却成坯,主要设备包括中间包、连铸机系统。

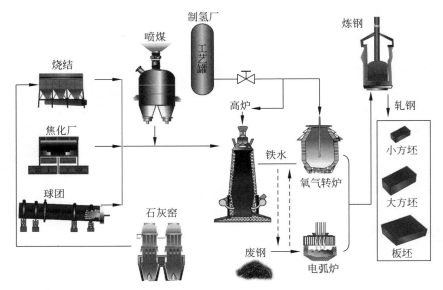

图 4-18　钢铁工业工艺流程

钢铁冶炼工艺中所涉及的窑炉大多为高温窑炉,具有生产规模大、工艺温度高、工序连续化等特点。窑炉类型主要包括高炉、烧结机、炼焦炉、转炉、回转窑等。

(1)烧结机

烧结是在烧结机上进行的,是为了满足高炉对入炉料(主要是铁矿)的粒度、强度等要求,将散状粉料制成块状入炉料的生产工艺。现代烧结生产是一种抽风烧结过程,即将铁矿粉、熔剂、燃料、代用品及返矿按一定比例组成混合料,配以适量水分,经混合及造球后,铺于带式烧结机的台车上,在一定负压下点火,整个烧结过程是在 9.8～15.7kPa 负压抽风下,自上而下进行的。现在广泛采用的连续式烧结机是带式烧结机,具有烧结过程机械化、工作连续、生产率高和劳动条件较好等优点。带式烧结机的主要组成部分有台车、行走轨和导轨、烧结机驱动装置、密封装置、抽风箱、装料装置和点火装置等(图 4-19)。

图 4-19 带式烧结机

带式烧结机的规格是按其抽风面积的大小来划分的。烧结有效面积是风箱宽度和长度的乘积。目前,国内外带式烧结机有两种:一种是全部面积用来烧结,即混合料随台车移动到机尾风箱处即烧结完毕,这种机型占绝大多数;另一种是"机上冷却"的烧结机,即一段用来烧结,一段用来冷却。随着我国钢铁工业的扩大,烧结机的规模也迅速发展,我国的烧结机目前仍以小型占多数,截至 2014 年,$130m^2$ 以下烧结机共 260 台,占全国烧结机总数的 49.43%;$130m^2$ 以下烧结机总面积为 $22613m^2$,占全国烧结机总面积的 25.94%。2018 年生态环境部发布《钢铁企业超低排放改造工作方案(征求意见稿)》,明确要求重点区域将逐步淘汰 $130m^2$ 以下烧结机,烧结机逐步向着大型化的方向发展。

(2) 高炉

高炉是炼铁生产的主体设备(图 4-20),主要目的是用铁矿石经济而高效率地得到温度和成分合乎要求的液态生铁。其冶炼过程是在密闭的竖炉内进行的,在炉料与煤气逆流运动的过程中完成多种化学反应和物理变化,一方面是矿石中金属元素(主要是 Fe)和氧元素的化学分离,即还原过程;另一方面是已经被还原的金属与脉石的机械分离,即熔化与造渣的过程。全过程是在炉料自上而下、煤气自下而上的相互紧密接触过程中完成的。低温的矿石在下降的过程中被煤气由外向内逐渐夺去氧而还原,同时又从高温煤气得到热量。矿石升到一定的温度界限时先软化,后熔融滴落,实现渣铁分离。已熔化的渣铁之间及与固态焦炭接触过程中,发生诸多反应,最后调整铁液的成分和温度达到终点。按照炉型物理分区,高炉由上而下依次包括炉喉、炉身、炉腰、炉腹和炉缸;按照冶炼功能分区,包括固体炉料区、软熔区、疏松焦炭区、压实焦炭区、渣铁贮存区及风口焦炭循环区。

图 4-20　高炉

（3）炼焦炉

炼焦是随着钢铁工业的发展而发展起来的。炼焦炉是将焦煤炼制成焦炭的大型工业炉组,现代炼焦炉是以室式炼焦为主的蓄热式焦炉,炉体主要由耐火材料砌筑而成。现代焦炉主要由炭化室、燃烧室、斜道区、蓄热室和炉顶区组成,蓄热室以下为烟道与基础。炭化室与燃烧室相间布置,蓄热室位于其下方,内放格子砖以回收废热,斜道区位于蓄热室顶和燃烧室底之间,通过斜道使蓄热室与燃烧室相通,炭化室与燃烧室之上为炉顶。

20 世纪 90 年代以来,炭化室高 6m 的焦炉炉型逐步成为我国炼焦行业的基本炉型,并逐步在我国焦化行业占据主导地位。随着国家产业政策的不断调整、环保法规的不断完善及对炼焦行业准入标准的提高,加速了各炼焦企业对新技术的引进和应用,4.3m 焦炉已成为炼焦行业的准入炉型,一些有实力的炼焦企业正逐步淘汰 4.3m 以下焦炉,6m 焦炉成为主导炉型,5m 以上的捣固焦炉和年产 50 万吨以上的清洁化热回收焦炉也成为发展的重点。

（4）炼铁回转窑

铁工业中的回转窑分为两类，即用于球团氧化焙烧的氧化性回转窑和用于生产海绵铁的还原性回转窑。氧化性回转窑采用铁精矿、熔剂造成小球，通过窑头供风供热，对窑内的球团进行氧化焙烧，使球团固结成具有一定粒度和强度的小球。还原性回转窑采用铁精矿、熔剂、还原剂等造成小球投入窑内，通过窑头设置的主燃料烧嘴和还原煤喷入装置，提供工艺过程需要的部分热量，并补充还原剂，目的是实现球团物料的直接还原，形成直接还原海绵铁的工艺。两种工艺的主体冶炼设备均为回转窑设备。

3. 有色金属工业典型流程和主要类型窑炉

有色工业的特征就是涵盖的种类多，单体生产设备的规模小，有色冶炼的工艺种类多，相应的冶炼设备的类型也十分繁多。而且同一种生产设备可以应用在多种有色金属冶炼工序中，一种有色金属的冶炼工序中可能包含多种冶炼设备。

以铜冶金为例，火法炼铜是铜冶金的主要方法。主要是将铜矿（或焙砂、烧结块等）和熔剂一起在高温下熔化，或直接炼成粗铜，或先炼成冰铜（铜、铁、硫为主的熔体）然后再炼成粗铜，最后粗铜经过火法精炼和电解得到电解铜。主要工序包括铜精矿的造锍熔炼、铜锍吹炼、粗铜火法精炼及阳极铜电解精炼。

（1）闪速炉

闪速炉是一种强化的高温冶金设备。铜精矿经过精确配料和深度干燥后，与热风及作为辅助热源的燃料一起，以约 100m/s 的速度自精矿喷嘴喷入反应塔内，呈悬浮状态的铜精矿颗粒在 $1400℃$ 的反应塔内于 2s 左右完成熔炼的化学反应过程，产生的液态铜锍及炉渣在沉淀池中进行澄清分层，铜锍送转炉吹炼得到粗铜。粗铜再经阳极炉精炼后得到铜阳极板。闪速炉渣由于含铜量较高，进一步经电炉贫化处理废弃。

（2）反射炉

反射炉熔炼是传统的主要炼铜方法之一，是利用燃烧着的火焰和所产生高温气体的热，直接从炉顶反射到被熔炼的金属上而产生加热作用的熔炼方法。反射炉具有结构简单、操作方便、容易控制、对原料及燃料的适应性较强、生产中耗水量较少等优点，但也具有热效率低和烟气中 SO_2 浓度低、难回收等缺点。反射炉工艺仍占全世界铜熔炼总生产能力的 50% 左右。

（3）鼓风炉

密闭鼓风炉炼铅锌技术自 20 世纪 60 年代初投入工业生产至今已近 60

年。目前,世界上有 10 多个国家采用密闭鼓风炉炼铅锌技术。我国从 20 世纪 70 年代中期第 1 座铅锌密闭鼓风炉投产以来,至今投产或在建的铅锌密闭鼓风炉已有 5 座,鼓风炉炉身面积也由 $17.2m^2$(年产 5 万吨粗铅锌)发展到约 $20m^2$(年产 10 万吨粗铅锌),分布在韶冶、白银三冶、陕西东岭和葫芦岛锌业公司。密闭鼓风炉炼铅锌技术在我国也得到了长足的发展,尤其是作为密闭鼓风炉炼铅锌技术的核心——铅锌密闭鼓风炉,其结构的合理性、技术参数的优化等方面也在不断地改进和完善。国内铅鼓风炉炉长一般为 3～6m,铜鼓风炉炉长一般为 2～8m,国外炉长最长达 26.5m。

4.3.2 国内外冶金工业窑炉协同处理技术发展现状

1. 国外冶金工业窑炉协同处理技术发展现状

欧美及日本等发达国家的冶金工业具有成熟先进的工艺技术。在节能减排的大环境及本国环保法律的压力下,冶金行业不断探索新工艺,通过提高效率、加强处理等措施来减少固废的排放。冶金企业积极转变在社会中的角色,由污染型企业向污染消纳型企业转变,同时开发了利用冶金工业窑炉处理本企业固废的工艺。

国外冶金工业窑炉处理固废主要针对冶金企业副产物的解毒、再利用技术和社会废弃物的消纳。主要包括钢厂电炉含锌、冶炼过程含铬渣、酸洗污泥、有色行业的锌和铅等残渣、飞灰、污泥、焦化厂产生的废焦油渣、化生污泥。

针对普通废物的处理,如高炉渣和普通钢渣等大宗副产品,对于发生量达 82% 的副产废渣,通过扩大钢厂内再利用和厂外利用,实现废渣埋填量为零的突破,具体开发技术如下:①炼钢渣中含有 Fe 和 CaO,一般用作返回料送烧结和高炉进行有效再利用;②扩大以高炉水渣造水泥的利用比例;③开发将高炉水渣应用于土木建筑的技术和对水渣作硬质化处理后用作混凝土的骨料;④开发将炼钢渣(包括不锈钢精炼钢渣)用作路基填料和基础砂桩压缩填料等再利用技术;⑤用高炉渣生产石棉纤维。对含锌、铁的粉尘加入少量煤粉和石灰等压成球团,加入高炉后可取得比烧结矿更好的节焦效果。

德国的不莱梅钢公司于 1995 年首先在其 2 号高炉(容积为 $2688m^3$)上进行喷吹废塑料并建立了一套 7 万吨的喷吹设备,随后克虏伯/赫施钢公司也建立了一套年喷吹 9 万吨的设备。

日本钢管(株式会社)即 NKK 在京浜制铁所第一高炉上,将废塑料进行分类、破碎、造粒后,作为原料喷吹进高炉,开发出一整套再生利用系统。当前再生利用量为每年 3 万吨(高炉原料化设备能力),就高炉本体的处理能力而言,京浜第一高炉每年能处理 60 万吨。高炉喷吹废塑料再生利用系统作为产业废弃物处理设施,在 1996 年顺利调试投产至今,已经与电气、通信、汽车、机械、化工、印刷等领域数百个公司联系,从许多企业获得废塑料进行了再生利用。未来将就处理聚氯乙烯的措施、废塑料收集系统及如何处理一般废弃塑料等方向进行攻关研究。在利用废塑料方面,现 JFE 钢铁在京滨厂和福山厂高炉共喷约 15 万吨,神钢加古川厂高炉喷 2 万吨,能量利用率在 65% 以上;新日铁后来居上,成功在焦煤中试掺入 1%～2% 废塑料用于炼焦,能量利用率达 94%,并在君津等 5 厂全部推广,现年用 25 万吨。

德国 DK 公司(即 DK 废物循环和生铁冶炼公司,确定主营业务为回收工业废弃物和生产生铁)采用转炉粉尘通过高炉冶炼来生产生铁。使用的原料以转炉除尘灰为主,石英砂用来调节炉渣碱度,同时配加少量的粗颗粒铁矿粉来改善烧结料层的透气性。同时还可处理高炉除尘灰、高炉瓦斯泥、转炉污泥及轧钢铁鳞等。年处理量为 45 万吨,产生铁 28 万吨。

冶金窑炉协同处理危险废物的研究国外较少,特别是主冶金工艺,协同处理的冶炼装备为烧结机-高炉,将电炉含锌粉尘与高炉粉尘、转炉粉尘一起配加到烧结机中进行烧结,得到烧结矿再进入高炉生产铁水。这种工艺处理的好处是使电炉含锌粉尘中的铁资源得到充分利用。但是由于锌在高炉内循环富集,容易在高炉内结瘤使冶炼不顺,因此被迫转移到其他冶金窑炉进行处理,如回转窑或转底炉。

总的来说,国际上由于冶金行业不断萎缩及产业更集中在高级钢、高级有色产品的冶炼加工上,采用冶金窑炉协同处理应用较少,尤其是危险废物,危险废物集中在专用危废处理冶金设备或水泥窑、热工等窑炉进行协同处理。

2. 国内冶金工业高温窑炉协同处理废物技术发展现状

在我国,炼铁回转窑协同处理含铅锌的钢厂粉尘和电解锌渣,烧结机协同处理垃圾焚烧飞灰、铬渣,焦炉协同处理焦油渣、生化污泥和废塑料,高炉协同处理废轮胎、废塑料、电镀污泥、铬渣,炼钢转炉协同处理废弃金属包装桶(未清洗)等技术已有工程试验或小规模试用(图 4-21)。

首钢技术研究院开发了利用焦化工艺处理废塑料新技术——废塑料与煤共焦化技术。焦炉处理城市废塑料技术完全利用焦炉及其化工产品回收系统,在高温、还原性气氛和全密闭的条件下,将废塑料和煤同时转化为焦炭、焦油和焦炉煤气,实现废塑料垃圾的无害化处理与资源化利用。由于实行了高温、全密闭和还原气氛处理废塑料,从原理和工艺上杜绝了传统废塑料处理技术的二次污染问题,实现了废塑料资源化利用和无害化处理。废塑料的配比量最高可达到 4%,由首钢总公司承担并在迁安首环科技有限公司建设的焦炉处理废塑料生产线每年可以消纳废塑料 1 万吨,生产炼焦用原料 5 万吨(图 4-22)。

图 4-21　转炉协同处理废弃包装桶

图 4-22　炼焦炉协同处理废塑料

　　莱钢在其生产球团的竖炉中进行了协同处理钢铁粉尘的试验,试验原料为汇金精粉、金岭、华联、巴西精粉、转炉干法除尘灰以 5% 的比例代替 5% 的巴西精粉,膨润土配加量下降 2%。球团矿日产量下降 10t 左右,生产的球团表面略显粗糙,烘干床上粉尘量有所增加,生球稍有爆裂,CaO 和 MgO 的含量略有升高。协同处理除尘灰对原球团矿生产工艺的转鼓指数、产量等指标有影响,但从循环经济、降低生产成本角度,配加量为 5% 以下的协同处理量对竖炉生产产量及质量指标影响不大,且有一定的效益。自 2005 年 8 月以来,莱钢烧结厂竖炉球团配加炼钢除尘灰,每月消纳 3000~4000t,不但回收了资源,降低了生产成本,减少了污染,还获得了效益。莱钢烧结厂烧结工序生产中应用各类固体废弃物总量为每月 26747t,包括高炉瓦斯灰、高炉除尘灰、氧化铁皮、炼钢除尘灰、炼钢污泥、焦化干熄焦除尘灰、炼钢钢渣等。

济钢球团厂利用炼钢污泥代替部分皂土，实现了钢铁粉尘的协同处理。在生产过程中同比代替铁精矿粉，降低皂土的使用量，提高混合料品位，降低球团生产成本。经过生产试验证实，炼钢污泥协同处理量达到 90kg/t 后，生球的成球速率明显降低，物料烧损比较明显，成品球抗压强度降低，不能满足生产需要。添加炼钢污泥能够有效提高生球的落下强度，还可以提高生球的爆裂温度，配加量在 60kg/t 时效果最好，其年增经济效益可达 4000 多万元。

在钢厂粉尘领域，我国学习日本、欧美等国家经验，也将电炉含锌粉尘作为烧结的一种原料，但实践表明，短期内能够取得良好的社会效益，但时间长了，锌在高炉上部的结瘤给高炉顺行带来困难。2012 年，武钢高炉粉尘中锌含量超过 20%，远远超过了高炉所能承受的范围。因此，更多的钢厂选择在专门的脱锌炉内处理电炉含锌粉尘及高炉粉尘、转炉污泥等钢厂粉尘。有色行业锌铅鼓风炉冶炼厂能够将自身产生的锌、铅粉尘添加到烧结机内进行烧结，然后在鼓风炉内得到铅、锌产品，同时还能协同处理钢厂回转窑、转底炉等设备产生的高锌、铅粉尘。

总的来说，由于钢铁生产相比建材生产需要更精细的过程控制，对外来杂质的承受限度低，我国成熟的冶金窑炉协同处理固废技术较少，不过，随着国家、人民对生态环境的渴望和专用废弃物处理设备缺口的不断增大，不少冶金企业已经开始自发研究冶金窑炉协同处理固废技术。

4.3.3 冶金工业窑炉协同处理技术要求

1. 协同处理窑炉要求

具有协同处理固体废弃物的高温窑炉应具有以下特征：

（1）冶炼温度高。冶炼窑炉为了满足反应温度及熔化物料的需要，通常需要有较高的冶炼温度。高温是协同处理的基本条件，只有在高温条件下才能促使固体废弃物发生性质、物态的变化，达到无公害化处理的目的。

（2）具有氧化或者还原性气氛条件。常规性质变化主要就是指氧化反应和还原反应，如焚烧处理即发生燃烧反应，需要氧化性气氛；而冶金渣的综合利用通常需要发生还原反应，将固废中的有价金属还原才能够实现回收利用。

（3）具有较宽松的造渣制度。废弃物的协同处理通常会对原工艺造成负面影响，需要有渣系进行调节，将固废中无公害的非目标组分吸收，从而减轻对原冶炼工艺的扰动。

（4）属于初级冶炼工序。废弃物的特点就是成分复杂，且各组分的含量波动较大。精冶炼工序对产品的成分、冶炼操作制度如温度、气氛、添加剂等的要求较高,不适宜废弃物的协同处理。因此协同处理工艺通常不选择精冶炼的高温窑炉如电炉和精炼炉等。

(5) 具有完善的二次污染处理系统。冶炼协同处理工艺中通常产生的二次污染主要有大气污染和粉尘污染,原工艺中相应应该具备除尘和脱硫等设备且能够适应协同处理中处理量的增长。

(6) 协同处理的原则是不对原冶炼工艺造成负担,包括冶炼系统改造、对原冶炼操作制度的扰动、对产品质量的影响及二次污染可控。因此对冶炼制度越宽松,越具有协同处理的潜力,且处理量越大。为了量化协同处理的量,可选择产品对杂质成分的容纳极限及造渣制度、热制度、二次污染控制对扰动承受极限的综合指标作为限制条件。

钢铁工业中烧结机、高炉、炼焦炉、炼铁回转窑及有色工业中闪速炉五类设备具有实现协同处理的潜力。

2. 协同处理废物要求

1) 烧结机配料投加位置

(1) 投加位置适宜处理金属渣类及粉尘类废物。

(2) 金属渣类及粉尘类废物需要限制的元素包括 S、P、Zn、Pb、Cu、As、Sn、F、Cl、K_2O+Na_2O,满足元素含量限值要求的固体废物允许投加入烧结机。

(3) 金属渣类及粉尘类废物需要满足入炉物态要求,包括粒度要求:控制粒度主要为 1~8mm;水分要求:水分要求在 12% 以下。

(4) 烧结工序易产生二噁英等危险废物,需要限制协同处理废物中氯元素的投加,必要时进行脱氯处理。

2) 高炉风口投加位置

(1) 投加位置适宜处理满足热值要求的可燃废物,包括固态、液态和气态废物。

(2) 固态可燃废物对其热值要求为:$Q>25MJ/kg$,液态可燃废物对其热值要求为 $Q>40MJ/kg$,气态可燃废物对其热值要求为 $Q>32MJ/m^3$,满足此热值要求的可燃废物允许代替部分燃料从风口投加入高炉,或者配加废物后的燃料加权值满足上述各限值的废物也可投加。

(3) 燃料组分中要求其加权硫含量<0.7%。

(4) 入炉燃料需要控制 Cl、F 投入的加权量:Cl 投入的加权量<0.02%,F 投入的加权量<0.01%。

(5) 固态可燃废物需要满足喷吹的物态要求,包括粉状固体的粒度要求小于 200 目占 $70\%\sim80\%$ 以上；水分在 1.0% 左右，最高不超过 2.0%。

（6）对含有重金属的可燃废物，需满足重金属元素含量投加限值。

3）炼焦炉炭化室投加位置

（1）炭化室适宜处理满足固定碳含量要求的碳质固态废物或特殊类型的半固态废物，如沥青类废物。

（2）投加的废物中需要限制的元素包括 S、P、K_2O、Na_2O 等元素的含量，满足元素限值的废物允许投加入炭化室。

（3）投加炭化室的碳质固态废物的固定碳含量要求 $>50\%\sim60\%$，半固态物质固定碳含量要求 $>45\%\sim50\%$，满足固定碳含量要求的固态废物可代替部分配煤投加入炭化室，或者配加废物后的燃料加权值满足上述各限值的废物也可投加。

（4）投加炭化室的碳质固态废物需要满足入炉物态要求，包括水分含量加权限值为 $8\%\sim10\%$；物料的体积密度不小于 $1.2t/m^3$。

4）回转窑配料系统投加位置

（1）两类回转窑的配料机投加位置适宜处理含金属氧化物的渣类或粉尘类废物，还原回转窑还具有协同处理固态碳质废物的能力。

（2）协同处理渣类及粉尘类废物中需要限制如 S、P、Cu、As、Sn、Zn、Pb 等元素的含量，满足元素限值的废物允许通过配料机投加入回转窑。

（3）金属渣类及粉尘类废物需要满足入炉物态要求，包括粒度要求：小于 $0.074mm$ 的粒级应大于 $80\%\sim90\%$；水分要求：水分占 $8\%\sim10\%$。

（4）固态碳质还原特性废物要求加权后其固定碳含量 $>70\%$，S 含量 $<1.0\%$，$P<0.01\%\sim0.03\%$。

（5）固态碳质还原特性废物需要满足入炉物态要求，包括粒度组成相对稳定，通常控制 200 目以下占比 $>80\%\sim90\%$；碳质固废中水分 $<10\%$。

5）闪速炉炉顶精矿喷嘴投加位置

（1）投加位置适宜处理具有一定热值的固态可燃废物，废物经过粉化处理后预先混入精矿，与炉料一同通过精矿喷嘴投加入闪速炉。

（2）协同处理的可燃类固体废物需要满足热值的要求，即 Q 粉类 $>25MJ/kg$，可等量代替燃料，或者投加废物后加权热值满足上述限值的废物允许按一定百分比投加。

（3）固态可燃废物投加时需要满足原料入炉物态要求，包括粒度小于 $0.074mm$ 占 80%；水分 $<0.3\%$。

3. 污染控制要求和标准

我国目前尚未有任何一种冶金工业窑炉协同资源化利用固废的专用污染

控制标准,冶金工业窑炉协同资源化利用应执行冶金行业相关污染控制标准。冶金行业用于污染防治的国家标准或政策主要包括:

《钢铁烧结、球团工业大气污染物排放标准》(GB 28662—2012);

《炼铁工业大气污染物排放标准》(GB 28663—2012);

《钢铁工业废水治理及回用工程技术规范》(HJ 2019—2012);

《钢铁工业水污染物排放标准》(GB 13456—2012);

《炼焦化学工业污染物排放标准》(GB 16171—2012);

《焦化废水治理工程技术规范》(HJ 2022—2012);

《铜、镍、钴工业污染物排放标准》(GB 25467—2010);

《铅、锌工业污染物排放标准》(GB 25466—2010)。

(1) 烧结-高炉冶炼系统协同处理

烧结机的污染控制包括:废物中杂质在烧结产品中的释放值监测、烧结机尾气中粉尘及 SO_2 含量的监测。烧结产品中杂质释放值监测和烧结机尾气中粉尘及 SO_2 含量的监测依靠生产工艺的原有设施,满足高炉入炉标准和GB 28662—2012 的要求。

高炉协同处理中的污染控制包括:协同处理废物在生铁中杂质释放值监测、高炉煤气中粉尘及 SO_2 含量的监测及高炉渣中 Cr、As 等重金属离子的排放监测。以上各监测指标均依靠生产工艺的原有设施,满足高炉铁水标准和GB 28663—2012 标准及工业固废相关排放标准。

(2) 炼焦炉系统协同处理

炼焦炉的污染控制包括:废物中的杂质在焦炭产品中的释放值监测,炼焦炉尾气中粉尘及 SO_2、氮氧化物等大气污染物的监测,炼焦排放废水的监测及固态废渣的监测、焦炉燃烧室尾气的监测。炼焦炉污染控制中的各项监测依靠生产工艺的原有设施,满足高炉用焦的入炉标准及 GB 16171—2012、GB 8978—2002、GB 16297—1996、GB 14554—1993 的要求。

(3) 回转窑系统协同处理

回转窑的污染控制包括:固废及燃料灰分中的杂质在产品中的释放值监测、回转窑尾气中颗粒物及 SO_2 等大气污染物的监测、除尘系统回收粉尘的收集及监测。回转窑污染控制中的各项污染处理、监测依靠生产工艺的原有设施,满足高炉或转炉用产品的入炉标准及相关污染排放标准。

(4) 闪速炉系统协同处理

闪速炉的污染控制包括:可燃废物中灰分带入的杂质在铜锍中的释放值监测、闪速炉尾气中颗粒物及制酸尾气中 SO_2 等大气污染物的监测、除尘系统回收粉尘的收集和监测及燃煤制粉系统粉尘控制监测。闪速炉污染控制中的各项污染处理、监测依靠生产工艺的原有设施,满足闪速炉铜锍产品或后序工艺入炉要求及相关污染排放标准。

对铜锍质量和回收的粉尘固废的监测要满足每批次检测,对 SO_2、氮氧化物等大气污染物的监测要实现实时监测,及时反馈和调整。可回收综合利用的固废、粉尘检测合格后方可用于其他工艺,未达到检测标准的固废按照相应类型固废的标准执行。固废、预处理过程中产生的粉尘应定期收集返回贮料仓。废物、预处理过程中产生的废气应导入闪速炉中处理,或经过处理达到相关排放标准限值后排放。

第5章

典 型 模 式

5.1 内蒙古包头市工业固废综合利用模式

1. 包头市工业固废基本情况

包头市是内蒙古自治区辖地级市,位于环渤海经济圈和沿黄经济带的腹地,是我国重要的工业基地,同时也是内蒙古最大的资源型重工业城市。随着经济社会的发展,各类固体废物产生量逐年增加,2019 年包头市一般工业固废产生量为 4736.15 万吨,位列大中城市前位。包头所在区域一般工业固废综合利用的能力有限,每年超过一半的一般工业固废未进行资源化利用。包头市工业结构以冶金、稀土、电力为主,工业固废产生类别相似,利用方式相似,均通过生产水泥、路基等建筑材料为途径,这种利用产品产能严重过剩,且受季节影响较大。同时,包头市综合利用企业的发展缺少统一规划,同质化竞争严重,缺少先进技术工艺支持,产品附加值低,同时资源综合利用标准缺失,制约了各领域的应用。

2. 主要措施

(1)强化固废利用政策顶层设计,打造良好营商环境

从包头固废实际情况出发,对包头市固废的产生情况、消纳能力、利用-处理设施建设等全面梳理,编制《包头市一般工业固废资源综合利用发展规划》,从顶层设计全局规划,为包头市的固体废物产业技术布局、利惠措施提供重要依据。同时编制完成了《包头市关于推进一般工业固废资源综合利用若干政策措施》(初稿),围绕科技创新服务、资金奖励补贴、电力土地优惠、市场拓展培育等方面进一步完善和细化政策措施;为保障良好的营商环境,市委市政府出台《包头市打造一流营商环境若干措施》,极大地提升企业便利化水平,打通企业

难点堵点问题,提供便捷高效的政务服务,为包头市工业固废综合利用项目的"引凤入巢"提供良好环境。

（2）优化产业结构,推动工业固废源头治理

在推进工业转型升级上,以新型冶金产业为重点,全力推动传统产业延链、补链、增链,不断延长产业链条。其中铝精深加工产业加速集聚,中氢能源新材料产业园开工建设,包铝公司新建 2 万吨高纯铝、平源公司 20 万吨稀土铝合金、凯普松和丰川电子 74 条化成箔生产线等一批高附加值项目竣工投产。目前,全市有 11 项产品被认定为重大技术装备首台套,3 项零部件被认定为关键零部件首批次,北重集团上榜国家制造业单项冠军示范企业名单。同时,以钢铁、有色、稀土、电解铝、化工等行业为重点,扎实推进工业绿色转型升级,加快构建绿色制造体系建设。并将园区循环化改造、绿色园区创建指标纳入考核体系,不断提升园区循环化改造水平。截至 2020 年年底,包头市有 5 个工业园区已完成循环化改造,全市已累计建成绿色园区 3 个、绿色工厂 15 家、绿色设计产品 14 个。此外,持续优化能源结构,重点推进可再生能源综合应用示范基地建设,在石拐区、土右旗等采煤沉陷区、采矿修复区及达茂旗等风电资源丰富地区,加快部署太阳能、风能等新能源利用项目。截至 2019 年年底,全市并网发电装机达到 1603.6 万千瓦,其中风电、光伏、生物质发电等新能源装机分别达到 448 万千瓦、130 万千瓦和 3.6 万千瓦,占总装机容量的 36.3%。

（3）注重创新,研发固体废物利用技术

通过科技创新的引领,与科研机构、高等院校、企业等联合建设固废相关研究中心,已建成国家及自治区固废研究中心 6 个,企业研发中心 5 个。2019 年 8 家资源综合利用企业成功申报国家级高新技术企业,占包头市 2019 年新认定高新技术企业总数的 9.7%,全面推进包头市工业固废综合利用技术创新与企业能力创新。

包头市人民政府与北京大学共建北京大学包头创新研究院,结合本地工业固废资源特点,依托创新研究院成立内蒙古大宗工业固废产业技术创新战略联盟,联合国内 60 家知名高校和科研机构,结合包头市资源优势、能源优势和产业优势,研发应用新技术,致力于促进传统产业转型升级和战略新型产业发展,研发相关技术 40 余项,获得发明专利 60 余项,实现固体废物资源利用科技成果产业化落地 10 余项。

实施固废相关科技攻关项目,如国家重点研发项目"内蒙古典型金矿尾矿、土壤和地下水重金属污染治理技术综合示范项目",探索研究利用微生物实现尾矿重金属的固化技术;国家重点研发项目"典型稀土矿产资源基地固废循环利用集成示范",研究矿床废石中有价资源精准开采与废石源头减排,通过尾矿

非常规富集、矿相定向重构、矿物界面调控、高效复合力场—靶向螯合作用的高选择性浮选药剂浮选等工艺研究,实现稀土、铁、铌、萤石的高效分离。此外在市级的科技项目中,推动"典型工业固废生态利用过程环境行为及管理策略研究""典型城市固废复配类土壤改良剂的制备及应用示范研究""利用工业固废生产新型环保水泥提升改造项目""工业固废粉煤灰综合利用年产60万立方米陶粒示范项目"等项目征集立项工作,实施固体废物多途径利用重点技术的科技攻关项目。

(4)推动冶炼渣等工业固废高值化利用技术应用

积极推广冶炼渣在道路基层、面层等的大规模使用。推动《钢渣梯级利用生产技术规范》《钢渣稳定基层材料设计与施工技术》《钢渣粉尘及重金属离子抑制技术规程》3项地方标准列入2020年第一批内蒙古自治区标准计划,标准出台后将可有效提升钢渣综合利用水平,推动道路基础设施建设发展。为完善冶金渣在道路施工的应用,逐步编制《钢渣沥青混凝土组成设计指南》《钢渣沥青混凝土应用技术指南》《内蒙古地区钢渣预防性养护材料与应用技术指南》《钢渣在水泥混凝土中的应用技术指南》等钢渣系列应用指南,为包头市利用冶金渣在道路基层、面层等的大规模推广使用做好技术保障。

针对钢渣,推动包钢与美国哥伦比亚大学合作,突破从钢渣中提纯优质碳酸钙技术,以钢渣和工业排放二氧化碳为原料,生产高纯碳酸钙、氧化铁粉等产品,项目建成后每年可处理钢渣42.4万吨,将具备年产高纯碳酸钙20万吨、铁料31万吨的生产能力,折合减排二氧化碳约10万吨(图5-1)。针对稀土尾矿,结合包头特有的稀土尾矿特点,推动包钢集团改进了难分选的铌、萤石和钪等资源利用技术,实现了尾矿中有价金属回收的技术突破,建成一条年产600万吨氧化矿选矿生产线及与之匹配的年处理尾矿380万吨的铌选矿生产线(图5-2)。针对粉煤灰,北京大学包头创新研究院等单位建设智能环保新材料应用研发和

图5-1　利用钢渣生产高纯碳酸钙

产业化示范基地,该项目以粉煤灰为主要原料,添加高分子材料和稀土材料,研发可替代木材和塑料的物流托盘,预计可每年综合利用粉煤灰100万吨,有望助力解决粉煤灰综合利用区域瓶颈问题(图5-3)。

图5-2　利用稀土尾矿选铌

图5-3　利用粉煤灰制备物流托盘

(5)探索一般工业固废回填废弃砂坑、矿坑

在包头市的快速发展建设过程中,过度采砂采石所遗留的大量砂坑、矿坑及大大小小的生态创伤浪费了大量的土地,也影响了城市的面貌。以一般工业固废作为填充材料回填废弃砂坑、矿坑,并将回填修复稳定后的砂坑、矿坑作为土地重新释放进行流转,可以同时解决固废消纳难题和场地修复再利用难题(图5-4)。

图5-4　矿坑回填修复

针对中央环保督察发现的包头市昆区和九原区9个废弃砂坑、矿坑,制定《包头市大青山区域废弃采坑生态修复工程初步设计方案》,采取分区削坡整理、清理、防渗阻隔、清空区域填充等步骤和措施完成恢复治理工作,探索了施工工艺方法,总结一般工业固废作为砂矿生态修复材料的可能性,为实现固体废物在矿坑生态修复的综合利用及土地场地的再利用提供重要实践依据。在上述修复工作基础上进一步拓展其他区域的试点。委托包头生态节能环保产业有限责任公司作为主体,明拓铬业科技有限公司作为协助单位,利用明拓铬

业科技有限公司历史贮存的一般工业固废 41 万吨,开展九原区 3 个砂坑恢复治理项目。另外利用一般固体废物 35 万吨开展食品加工园区 41 号、42 号砂坑治理工作,为大范围开展废弃砂坑、矿坑回填提供工程实践。

同时,建设标准制度体系确保合理合规大范围回填。制定《一般工业固废回填技术规范 采坑生态恢复》(征求意见稿),为利用一般工业固废对废弃砂坑、矿坑进行回填和生态恢复过程的评估、设计、运行和管理提供标准依据,明确了利用一般工业固废对废弃砂坑、矿坑进行回填和生态恢复的环境及地质调查和评估、可利用一般工业固废筛选评估、设计施工及回填过程、生态恢复及监测等要求。制定《一般工业固废用于矿山生态恢复全过程监督管理规定》(征求意见稿),加强利用固废作为生态修复材料的监督管理,明确了各管理部门及企业的责任,确定调查和评估对象的具体工作,明确矿山基础调查、矿山现状评估、一般工业固废属性调查与环境行为分析、一般工业固废用于矿山生态恢复、污染防治与风险防控及后期环境风险监管的具体要求,同时明确了生态修复的土地依据相关法律可开展土地再利用,实现利用工业固废作为生态创伤修复与砂坑、矿坑恢复的协同解决。

3. 取得成效

包头市"无废城市"建设期间(2018—2020 年),共建设国家及自治区固体废物研究中心 6 个,企业研发中心 5 个,固废科研相关成果及专利技术近百项;6 家资源综合利用企业被认定为国家级高新技术企业。建设完成固废利用相关工程 31 项,实施十余项国家和地方科技攻关项目,预期每年综合利用固废约 1200 万吨。成果引入国际先进技术,完成多项工业固废相关地方标准立项,待冶炼渣用于道路的施工的标准发布后,可就地年利用冶炼废渣约 220 万吨。

完成包头的砂坑、矿坑排查,建立各类砂矿、矿坑的资料信息,统计出历史遗留砂坑、矿坑 246 处;通过严控环境风险的生态修复试点工程,总结出利用工业固废作为砂坑、矿坑填充材料的先进经验,完成 3 个砂坑的治理,正在实施 5 个砂坑(矿坑)的修复治理,已利用工业固废约 300 万吨,预期可消纳工业固废约 8000 万吨,回填完成后可释放约 250 万平方米土地。

4. 总结

该模式适宜工业固废类别多、产生量和贮存量大的地区,尤其是火力发电厂及金属冶炼企业产生的粉煤灰、炉渣、冶炼渣和脱硫石膏等一般工业固废。

5.2　青海西宁市"无废"园区模式

1. 西宁工业园区固体废物基本情况

西宁(国家级)经济技术开发区甘河工业园区成立于2002年7月,距离西宁市区35千米,分为东区和西区两部分。园区于2014年被确定为全国循环化改造示范试点园区,2015年被确定为全国(首批)低碳工业园区试点,2019年被确定为国家工业资源综合利用基地。园区现有各类工业企业75家,其中建成投产49家。形成了以电解铝、铝深加工、电解锌、电解铜、镁合金压铸件为主的有色金属产业,以硅铁、铬铁为主的黑色金属产业和以PVC、化肥、甲醇、无水氟化氢为主的特色化工产业。2019年,园区产生工业固废159.38万吨,其中危险废物14.15万吨,以有色金属冶炼废物、铝灰渣为主;一般工业固废145.23万吨,以渣尾矿、石膏渣及电石渣为主。

目前,园区发展正处在产业结构调整和转型升级阶段,绿色循环的产业体系尚未完全构建。一是受经济持续下行压力,园区重点企业产能负荷不足,经济运行困难,资金短缺。二是湿法炼锌废渣、铝灰、废矿物油等固废综合利用关键技术尚未突破。三是由于园区环境风险点较多,全过程控制难度大,现有环境监管能力与实际工作要求存在差距。

2. 主要措施

"无废城市"建设试点以来,西宁市以甘河工业园区为重点,依托现有循环化改造示范园区、低碳园区建设,强化布局设计,链接与耦合,主要措施如图5-5所示。

1) 优化园区产业链,调整园区项目引进方向

遵循园区循环经济发展方向,构建了以铝冶炼-铝合金-铝部件、镁基合金-镁合金部件等为主的有色金属产业链;以高碳铬铁-铬酸盐-铬酸酐等为主的黑色金属产业链;以甲醇-烯烃-丙烯腈-碳纤维为主的特色化工产业链;以无水氟化氢-六氟磷酸锂-锂电池电解液为主的锂电配套产业链。自"无废城市"建设试点以来,园区不断调整项目引进方向,布局循环利用项目,编制《西宁市工业资源综合利用基地实施方案》,同时通过减降免税收优惠、土地分级出让价格优惠等措施,两年时间内共引进青海德胜环能年综合利用5万吨废矿物油、青海瀑正50万吨新型水泥基复合材料等综合利用类项目10个,总投资超过16亿元。

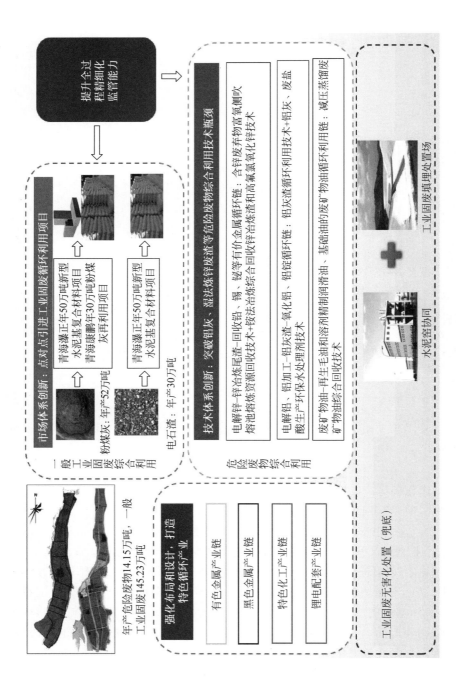

图 5-5　西宁甘河"无废"园区模式

2) 引入先进资源化技术,推进技术创新

(1) 含锌废弃物资源化回收技术

① 含锌废弃物富氧侧吹熔池熔炼资源回收技术:以含锌废料为主要原料,引入先进的富氧侧吹熔池熔炼技术,采用"侧吹熔炼＋烟化炉挥发＋尾气制酸"的工艺回收原料中的锌、铅、硫等有价元素,水碎渣为无害渣,可作为建材原料使用。该技术在电解锌-锌冶炼尾渣-回收铅、锡、铋等有价金属循环链中发挥关键作用,实现含锌废料的无害化和资源化利用,工艺流程如图 5-6 所示。

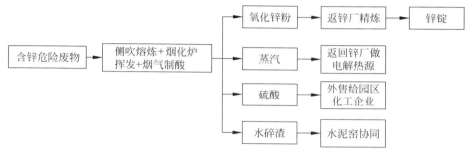

图 5-6 含锌废弃物资源化工艺流程

② 铵法冶炼综合回收锌冶炼渣和高氟氯氧化锌技术:以锌冶炼渣、高氟氯含锌粉尘为原料,采用"回转窑挥发＋渣选矿＋氨法电积＋铸锭"的工艺处理,得到铁粉(钢厂原料)、渣尾矿(无害渣)、钾盐(化工原料)和锌锭等产品,该技术是电解锌-锌冶炼尾渣-回收铅、锡、铋等有价金属循环链的有效补充,实现含锌废料的无害化和深度资源化利用,工艺流程如图 5-7 所示。

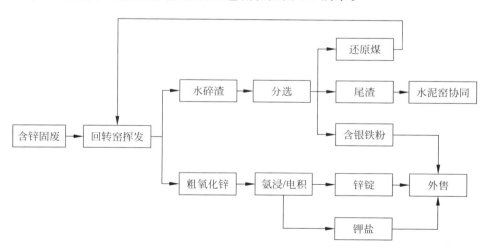

图 5-7 含锌固废资源化工艺流程

（2）铝灰渣资源化回收技术

① 铝灰渣循环利用技术：以铝灰渣为原料，通过采用"球磨-筛分-熔融分离"工艺路线，将铝灰渣分类提取为合金铝棒、再生铝锭、钢渣促进剂（脱硫剂粒料）和氧化铝（耐火材料）等产品，在电解铝、铝加工-铝灰渣-氧化铝、铝锭循环链发挥关键作用，实现铝灰渣资源化、循环利用。

② 铝灰渣、废盐酸生产环保水处理剂技术：以铝灰渣、废盐酸为原料，通过采用"破碎-球磨-筛分-聚合反应-固液分离-喷雾干燥-产品包装"工艺生产高品质聚合氯化铝、聚合硫酸铁和三氯化铁等环保水处理剂，在电解铝、铝加工-铝灰渣-氧化铝、铝锭循环链发挥补充作用，实现了铝灰渣和废盐酸资源化、循环利用。

（3）废矿物油减压蒸馏综合回收技术

聚焦园区及周边企业产生的废机油、废润滑油等废矿物油，以园区现有危险废物收集、贮存项目为基础，引入废矿物油综合回收技术，在现有设施基础上购置脱水塔、减压塔、加热炉等主体工程设施，配套建设废矿物油储罐、润滑油基础油储罐及汽车装卸设施等，采用"原料→脱水→减压蒸馏→溶剂精制→成品"工艺生产基础油、轻质油和重质燃料油。该技术在废矿物油回收利用循环链发挥关键作用，可实现危险废物废矿物油的资源化、循环利用。

（4）水泥窑协同处理固体废物技术

聚焦园区电解铝企业产生的危险废物（主要是大修渣）处理，依托青海盐湖海纳化工有限公司建成的4600t/d熟料新型干法水泥生产线，构建水泥窑协同处理危险废物技术体系，年处理危险废物5万吨（固态危险废物2万吨/年、半固态危险废物3万吨/年）。危险废物在预处理中心经预处理满足水泥窑协同处理入窑（磨）标准后，运送至水泥生产企业直接入窑（磨）协同处理。该技术补齐园区危险废物安全处理能力，提升了园区危险废物处理兜底能力。

（5）一般工业固废综合利用技术

在解决园区危险废物循环利用的基础上，通过引进建设新型绿色胶凝材料、新型水泥基复合材料、建筑垃圾处理、粉煤灰再利用项目，实现园区主要一般工业固废的综合利用，如图5-8所示。

3）强化监管，固体废物全过程管理

依托园区现有的环境监管平台，充分利用视频监控、数据实时分析反馈等功能，强化固废产生、贮存、转移、利用、无害化处理全流程智慧监管。利用数据平台和移动端，开展重点环节、重点设备的管理和检查，提升精细化管理能力。

对于危险废物处理项目，在审批期，严格落实建设项目危险废物环境影响评价指南等管理要求，明确管理对象和源头，预防二次污染，防控环境风险。以有色金属冶炼、化工等行业为重点，实施强制性清洁生产审核。在实施期，开展

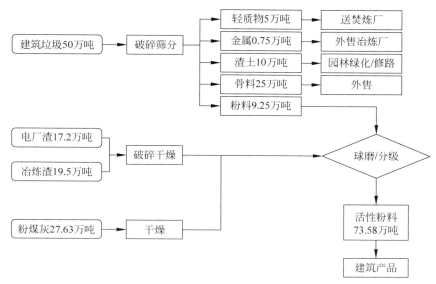

图 5-8 一般工业固废综合利用途径

排污许可"一证式"管理,探索将固体废物纳入排污许可证管理范围,充分利用固废智慧管控平台全面掌握危险废物产生、贮存、转移、利用、处置等情况。严格落实危险废物规范化管理考核要求,强化事中事后监管。全面实施危险废物电子转移联单制度,大幅提升危险废物风险防控水平。建立多部门联合监管执法机制,将危险废物检查纳入环境执法"双随机"监管,严厉打击非法转移、非法利用、非法处置危险废物。

3. 取得成效

在"无废城市"建设期间,通过政策引导,开展点对点项目引进,引进综合利用项目 10 个,补齐重点产业短板,实现产业优化和链条延伸,园区资源利用效率不断提升;通过技术创新,突破关键环节关键技术 6 项,完善锌冶炼废渣、铝灰渣、废矿物油 3 条危险废物循环利用链,粉煤灰、电石渣、建筑垃圾 3 条一般固废综合利用链,构建园区废物协同利用处置体系,实现园区工业固废区内循环,工业固废综合利用率大于 85%;通过设施完善和维护,提升园区工业固废兜底处置能力;通过提升园区全过程精细化监管水平,降低固废转移、利用、处置过程中环境风险隐患,保障园区环境安全。

4. 总结

西宁市"无废"园区模式适用于具备工作基础的西部重工业园区,在经验推广过程中还需特别注意以下几点：①注重顶层设计，把好项目审批关，坚决杜绝引进产废量大、产废强度高的企业，积极接洽相对成熟的固废综合利用项目。着重构建循环产业体系，通过产业结构优化源头减少固废产生。②强化科技创新引领，鼓励企业开展自主研发，不断突破关键技术瓶颈。③统筹兼顾固废处置兜底能力的建设，提高园区整体固废监管与环境应急能力。

5.3   北京经开区服务工业固废全生命周期的数字管理模式

1. 北京经开区工业固废基本情况

北京经济技术开发区（以下简称"北京经开区"）是北京市唯一的国家级经济技术开发区，是北京实体经济主阵地，是先进制造业的聚集区。现有工业企业 500 余家，每年约产生 20 万吨一般工业固废，主要包括污泥和其他两大类。为进一步改善营商环境，满足新版《固废法》对一般工业固废的管理要求，同时解决企业存在的相关问题，北京经开区建立起了服务于固废资源交易、便于固废管理的综合性管理平台，同时开展区域的物质流向分析，逐渐探索服务于工业固废全生命周期的数字化管理模式。

2. 主要措施

服务工业固废全生命周期的数字管理模式即以动态更新一般工业固废名录、建设固废信息管理平台为抓手，依托管理平台，构建起"一规完善分类、一网数据尽统、一单全程跟踪、一键资源匹配、一表分级评价"的服务于工业固废全生命周期的数字化管理模式（图 5-9），从而最大限度地把控一般工业固废流向，促进源头减量、提升循环利用效率，并不断为北京经开区产业布局规划、政策决断提供参考价值和判断依据。

（1）一规完善分类

根据辖区产业特点，选取一般工业固废产生量较大和行业特点鲜明的 70 余家企业开展调研，深入摸底企业一般工业固废产生的种类及处理情况。从便于企业自身统计管理和符合再生资源市场交易习惯的角度出发，制定了符合北京经开区产业特点的一般工业固废分类名录，并根据产业发展和企业需求按年度进行动态调整。通过细化分类标准、统一固体废物计量标准等一系列措施，不断提升一般工业固废数据统计的精准度和科学性。

在制定分类标准时，北京经开区以工业固废再利用和再交易为原则，优先考虑行业特性，其次考虑通用属性，最后考虑物质分类。在充分听取企业意见

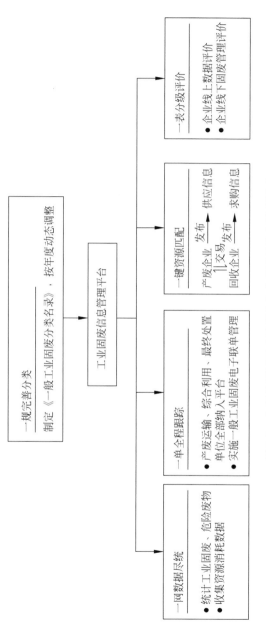

图 5-9　北京经开区工业固废全生命周期的数字管理模式

的基础上制定出了涉及 14 大类、81 小类的《北京经济技术开发区一般工业固废分类名录》。同时,结合工业固废的国标分类原则,制定了一般工业固废的 6 位分类代码:ISW-××-××-××,其中 ISW 为一般工业固废的类别,第 1～第 2 位为环境统计中的一般工业固废种类代码,第 3～第 4 位为一般工业固废小类,第 5～第 6 位为一般工业固废小类别内编号。通过规范一般工业固废的分类,形成统一名称、统一单位、统一计量的统计口径,为北京经开区全面把控固体废物管理、服务企业交易奠定了良好基础。

(2)一网数据尽统

在动态更新一般工业固废名录的基础上,北京经开区在政务云上部署建设工业固废信息管理平台,同步搭建了手机 App 和网页云服务两种应用场景,并根据需要配置了数据统计和分析的日常管理端及动态填报和数据下载的企业服务端。平台共有 30 余项主功能和 120 余项子功能,在实现统一工业固废和危废数据统计的同时,同步收集企业的原材料、能源、水等资源消耗数据,并可提供多年数据累计统计和对比分析服务。

企业可根据自身数据,通过工艺改进、精细管理和减量工程实施工业固废的源头减量。行政主管部门可以根据全区数据,分析工业固废的产生环节、减量空间、制定引导性政策,约束企业减少工业固废的产生,指导企业实施工业固废综合利用,在区域内引进相应的处置企业、配套相应的基础设施,从而实现工业固废的精细化管理。

(3)一单全程跟踪

针对企业对工业固废台账式管理及资源综合利用评价等需求,系统将产废单位、运输单位、综合利用单位及最终处置单位全部纳入统计平台。产废企业可根据自身生产周期,随时发起工业固废转运联单,在说明产废种类、重量等信息后,即可通过平台向运输单位提出转运要求。运输企业可根据平台信息调度安排车辆运输,并将固体废物信息向下游传递,最终由资源利用单位或处置单位接收工业固废后关闭联单。一般工业固废的电子联单制管理实现了运用信息技术手段对工业固废从产生、运输、再利用到最终处置的全过程记录,满足了企业的台账式管理和信息公开需求,同时还可帮助行政主管部门分析区域高值工业固废的利用途径和低值废物的处置方式,特别是可以动态清晰地掌握一般工业固废的流向和用途,在关注重点、强化过程监督方面发挥了积极作用。2020 年下半年北京经开区通过电子联单转移工业固废近 5 万吨,占全区年转移量的 1/4,企业反馈工业固废积压、无处可转等问题得到了一定程度缓解,平台试运行状况良好。目前,利用联单制实现对一般工业固废全生命周期管理的目的已初步实现。

（4）一键资源匹配

为促进固废资源的区内流转,实现最优化配置,在工业固废信息管理平台上搭建了工业固废资源交易信息对接渠道。产废企业和回收企业可以根据固体废物产生情况和市场需求在平台上发布供求信息,通过平台的交易匹配功能,实现固废资源的一键匹配。对于企业而言,这不仅为高值工业固废的再生交易匹配最优处置资源,为低值工业固废集中收集转运提供议价空间,也打破了行业信息壁垒,实现了固体废物资源交易的市场化、透明化和公平化。对于行政主管部门而言,可以通过大数据掌握全区工业固废的处置需求、处置周期、处置数量、物质流向、资源化利用水平等重要数据,配套构建产业共生网络,为区内产业链招商、新项目招商提供决策支持。

（5）一表分级评价

为确保辖区企业规范使用工业固废信息管理平台,并以平台各项功能、数据为依据,提升自身固废管理水平,实现固废源头减量和资源化利用,工业固废信息管理平台系统引入了"一表分级评价"机制,通过对产废企业和回收利用企业进行线上数据填报和线下固体废物管理的双重评价,对企业的相关信用予以评级。评价结果在系统内进行公示,有效期为两年。线上数据填报评价主要以周、月、季度、年为基准,主要对数据的完整度和真实度进行评价;线下固废管理评价则主要针对产废企业的固废管理制度、减量化措施、存贮场所管理、转移与处置管理等,以及回收利用企业的固体废物管理情况、运输情况、贮存场所管理等进行综合评价。"一表分级评价"机制的运行不仅最大限度地确保了企业对平台系统的规范使用,也将平台系统对于企业的服务功能发挥到实处,特别是对信誉好、管理水平高的固体废物运输企业和回收利用处置企业,从市场导向上促成固废交易,促进区内资源综合利用行业规范化运行。

3. 取得成效

北京经开区通过"目录＋平台＋联单"的管理模式,不断以大数据为基础,构建服务工业固废全生命周期的数字化管理模式。实现了区域工业固废在统一标准下的全口径统计,2020年工业固废信息管理平台累计统计产废企业312家,年产一般工业固废20万余吨;初步搭建了工业固废资源交易信息对接渠道,最大程度上实现资源优化配置,2020年下半年,功能投入使用后已有应用一般工业固废电子联单产废企业102家,物资回收或资源综合利用企业41家,共发起电子联单2247单,联单关闭1353单,转移量约5万吨;利用平台的大数据分析与应用,逐步构建产业共生网络,分析物质流向,核算区内工业固废的资源化利用水平,为2020年引进的部分产业项目提供了同行业的数据分析,初步实现为区内产业链招商、新项目招商提供决策支持。

4. 总结

基于数字化支撑的"固体废物全过程管理模式"以为城市管理提供决策依据为导向,以信息化手段为支撑,在开展"无废城市"试点建设中起到重要作用,其他城市或园区借鉴时需要注意以下几个方面:需深入调研制定精准的一般工业固废分类名录,为固体废物的精细化管理打下良好的基础;需建立突出实用性和科学性的工业固废管理系统,对生产全过程的数据进行有效分析汇总,为园区的大数据分析及决策提供数据化支撑;需强化数据整合功用,尽量打通各类数据的获取途径,促使综合评价应用更为广泛;平台的建设应同时兼顾企业需求和监管需要,让企业在日常工作中切实应用平台的各项功能,从而使产生的数据更加真实有效。

5.4 辽河油田"无废"矿区模式

1. 辽河油田工业固废基本情况

辽河油田地跨辽宁省、内蒙古自治区的 13 个市(地)、35 个县(旗),是中国石油天然气集团有限公司下属的骨干企业,是全国最大的稠油、高凝油生产基地,勘探开发范围包括辽河盆地陆上、滩海和外围,公司总部坐落在辽宁省盘锦市,1970 年开始大规模勘探开发建设,已累计生产原油 4 亿多吨、天然气 800 多亿立方米。目前,年原油生产能力为 1000 万吨,天然气生产能力为 7 亿立方米,在开发过程中会产生大量固体废物。2020 年,辽河油田产生固体废物约52.68 万吨,其中一般工业固废约 48.15 万吨,主要包括钻井泥浆和废脱硫剂;工业危险废物 4.53 万吨,主要包括落地油泥、浮渣和清罐底泥等。各类固废产生、处置利用情况见表 5-1。

表 5-1　2020 年辽河油田各类固体废物产生、处置利用情况　　　　　万吨

固废种类		产生量	综合利用量	外委处置量	无害化处置量	贮存量
一般工业固废	钻井泥浆	47.91	0	0	47.91	0
	废脱硫剂	0.24	0	0.24		0.01
工业危废	落地油泥	3.57	2.67	0.03		1.96
	浮渣和清罐底泥	0.96	1.04	0.01		0.004

注:综合利用量包括利用当年产生的固废量和历史遗留固废量。

2. 主要措施

辽河油田秉承绿色开发、环保优先的原则开发建设,确定以建设"绿色矿山"为工作主线,以打造"无废矿区"为主要抓手,以实现源头"减量化"、综合利用"多元化"、油田区域"协同化"、监督管理"智能化"为建设路径,形成全新管理模式(图5-10),持续提升工业固废减量化、资源化、无害化水平,积极推进固体废物源头减量和资源化利用,建设高质量发展的绿色油田。

减量化
清洁作业减少油泥产量
钻井泥浆水落地工艺

多元化
不同含油量固相分类处置
泥浆多元化、资源化利用

协同化
区域固体废物协同处置
解决产-处不平衡问题

智能化
全过程信息化监管体系
危险废物信息实时上传

目标
全力打造"无废矿区"的全新管理模式
实现固体废物产生量最小、资源化利用充分、处置安全的目标

图 5-10　辽河油田"无废矿区"模式

1) 健全环保监管考核长效机制

辽河油田建立主管领导牵头组织,公司顶层设计,二级单位具体实施的工作机制,制定下发《绿色发展行动计划》。严格推行环保目标责任制,健全环保管理、监督、考核长效机制,强化现场监督检查和责任落实,提高全员风险防范识别和控制能力,实现生产作业活动全面受控。以大力推进"无废矿区"和"绿色矿山"建设为主线,加大科技攻关和资金投入,强化含油污泥合规管理和钻井废液与钻屑合规处置利用、促进油泥处理利用地方标准出台。建立"1+6+N"制度管理体系,修订《环保管理办法》,完善固废管理、建设项目、辐射管理、环境统计、监督检查、环境事件 6 个单项规定,建立现场环保检查规范等 N 个企业标准,确保工作有章可循、有法可依。与生态环境部固体废物与化学品管理技术中心合作编制《辽河油田固体废物管理指南》,制定下发《危险废物管理程序手册》,梳理生产工艺产废节点,细化管理职责,规范管理流程。

构建智慧型重点污染源监控体系。建立"可申报、可追溯、可核查"的综合管控体系,试点应用中石油固废管理系统,将原有公司、二级单位两级管理网络延伸至基层作业区,形成生态环境风险管控一张图、环境统计数据的一张报表。推进危险废物贮存场所信息化、智慧化改造,投资 200 万元建立视频监控系统。

2）加强固废源头把控，实现固废源头"减量化"

（1）含油污泥

强化管理，将危险废物、一般工业固废和生活废弃物分类收集和存放，杜绝因管理不善人为增加危废产生量。强化落地油泥分类收集、存储及转移，避免与垃圾混堆处理，减少油泥总量，降低处理难度，实现油类物质有效回收与剩余固相规范处置。

构建以"井筒控制类技术"为主、"地面控制类技术"为辅的清洁作业技术体系，实现出井油水全部回收。辽河油田井下作业清洁作业技术主要包括：①热清洗井筒技术。在井口安装加热炉，促使井内形成大量气体，当其温度满足相关要求后，运用循环泵添加一定量热水，井壁上面的物质在全部融化以后能够从油管里面释放出来，进而使井筒实现清洁目的。②带压作业技术。在开采油田过程中，当油井里面存在较大压力时，需对其做好科学控制，然后再将油井打开，以减少因压力太大而致使井喷事故的出现。③地膜隔离技术。在抽油机的具体位置安装相应外套，并且在油管四周设置一定数量的地膜，可减少抽油机释放出来的污染物并起到保护地面的作用。2020年，实施绿色修井作业2.29万井次，油泥产生量比2019年同期下降60.2%，节约处理费676万元。

加大资金投入，完善含油污泥资源回收工艺。投资5000多万元，分区域配备10套油泥减量处理设备，2020年利用自有设备减量化处理3.73万吨，实现油类物质有效回收与剩余固相规范处置。推广应用"不加药污水处理技术"，通过污水预处理工艺升级改造，处理联合站污水浮油和原油清罐底泥，大幅减少含油污泥产生量。不加药污水处理技术是通过污水物理旋流、曝气和过滤处置，实现不加药达标处理。

（2）钻井废液

加强不落地处理量的管理，建立泥浆不落地工作量备案与超量审批制度，严格把控钻井废液与钻屑产生总量；开展钻井液回收利用工作，通过新建钻井液回收利用设施，对更改钻井液体系及完井时的部分钻井液进行清除有害固相和简单维护等处理，使其达到重复使用标准，减少废液产生量；强化现场监管，开展泥浆及不落地处理材料抽样检测，掌握污染物来源。

3）拓宽固废资源利用途径，实现综合利用"多元化"

做好含油污泥分类处理，实现达标处置与资源化利用。通过加快推进含油污泥低成本处理技术应用，基本实现落地油泥采油厂就地减量处理、浮渣与清罐油泥分区域集中处理，实现油类物质有效回收与剩余固相规范处置。同时，积极配合盘锦市、辽宁省生态环境部门做好《辽宁省油气田含油污泥综合利用污染控制标准》编制与发布，做好相关要求宣贯与执行，确保处理后含油小于

2%的固相用于通井路和井场建设基础材料,含油量2%以上的固相委托有危险废物处理资质的单位进行安全处置。

加强泥浆不落地处理,实现固废综合利用。加大钻井泥浆循环使用,建立泥浆不落地工作量备案与超量审批制度,严格把控产生总量。推行钻井废弃泥浆不落地达标处理技术,即随钻即时处理废弃钻井泥浆(钻屑),达到"泥浆不落地"要求,减少土地使用量,降低环境污染。盘锦地区已建设5座处理站,年处理能力55万吨,已实现泥浆不落地处理全覆盖。2020年不落地处理泥浆和岩屑47.92万立方米,减少占地约800亩,节约征地资金约4000万元。该项技术变"末端治理"为"全过程控制",根据油田钻井工作量合理优化油区泥浆不落地处理站布局,基本实现油区泥浆不落地处理全覆盖;依据环境影响评价文件和批复要求开展泥浆不落地固废循环利用,通过垫井场、铺路、制砖等资源化利用方式处理对泥浆处理后产生的剩余固相,开展综合利用工作。

加强浮渣和清罐底泥减量化、无害化的研究,同时针对油田其他固废如废润滑油、废铅酸蓄电池、实验室废液、废脱硫剂等工业危废,通过改进生产工艺、自建处理设施、外委处置等多种方式,实现危险废物安全处置。

3. 取得成效

"无废城市"试点建设期间,辽河油田开展"泥浆不落地"采油厂的比例从2018年的90%提高到2020年的100%;钻井泥浆综合利用率从2018年的50%提高到2020年的100%;将"清洁生产绿色作业"环保理念贯穿于作业生产活动中,以源头控制为重点,研发清洁作业配套技术,形成"无废矿区"管理运营机制,完成盘锦地区采油单位"绿色矿山"建设工作。

4. 总结

辽河油田"无废"矿区模式适用于油田矿区石油天然气开采、原油产品的预处理及含油污水处理等过程产生固废的监督管理、利用、处置,实现"绿色作业、源头控制"。在模式应用中,要加强钻井废液与钻屑不落地管理,严格把控钻井废液与钻屑产生总量;同时要注重落地油泥在采油厂就地处理,浮渣与清罐油泥分区域集中处理。

5.5 安徽铜陵市多产业协同减废模式

1. 铜陵市工业固废基本情况

铜陵市位于安徽省中南部、长江下游,北接合肥,南连池州,东邻芜湖,西临安庆,是长江经济带重要节点城市和皖中南中心城市,下辖一县三区,总面积3008平方千米,人口170万人。铜陵市是依托铜、硫、石灰石三大资源而发展起来的资源型城市,是我国铜工业基地,也是全国重要的硫磷化工基地和长江流域重要的建材生产基地。大宗工业固废主要来源于矿山开采、铜冶炼、硫磷化工等行业,主要固废种类包括尾矿、磷石膏、脱硫石膏、钛石膏、炉渣、冶炼废渣、粉煤灰等。2018年,一般工业固废产生量为1454.7万吨,综合利用量为1221万吨,综合利用率为83.9%,主要用于生产水泥熟料、纸面石膏板、水泥缓凝剂、新型墙体材料、氧化铁系颜料等。尾矿库尾砂堆存量为6797万吨,磷石膏堆存量为540万吨,规模化、高值化利用成为资源型城市行业共性难题。

2. 主要措施

1) 强化政策支持,推动工业固废综合利用产业发展

在"无废城市"建设期间,铜陵市政府印发了《铜陵市战略性新兴产业发展引导资金管理暂行办法(2020年修订)》《铜陵市工业转型升级资金管理暂行办法(2020年修订)》《铜陵市创新创业专项资金管理暂行办法(2020年修订)》,支持工业固废资源化利用产业发展,对相关建设项目设备投资、企业购买工业固废利用与处置先进技术并在本地转化、产学研联合技术研发等给予财政资金补助;同时出台了《铜陵市工业资源综合利用基地建设推进方案》《铜陵市工业固废资源综合利用产品推广应用方案》,明确了综合利用产品质量监管、工业资源综合利用技术推广、示范项目引领等重点工作任务,细化了奖补、税收优惠、政府采购、宣传推广等激励措施,其中对生产利用金属尾矿、工业副产石膏含量超过50%的墙体、装饰材料,以及利用金属尾矿生产胶凝材料项目,按照建成后尾矿、工业副产石膏年利用量,每吨给予5元奖励;此外,对利用金属尾矿、工业副产石膏生产水稳等基层材料的项目,按照建成后年尾矿、工业副产石膏处理量,每吨给予1元奖励。市财政局制定了《铜陵市2020—2021年政府集中采购目录及标准》,明确政府采购"强制或优先采购节能绿色、环保产品和固体废弃物综合利用产品、再生资源产品"要求。铜陵市税务局与铜陵市生态环境局建立涉税信息共享平台和税务环保协同工作机制,依法依规免征固体废弃物综合利用环境保护税,落实固体废物综合利用企业所得税、增值税优惠政策。

2) 科技引领,为产学研用协同创新提供动能

为着力发展产学研合作,铜陵市人民政府、科技日报社2019年共同主办了长三角(铜陵)高质量发展院士论坛暨大院大所科技成果对接会,"武汉理工大学铜陵技术转移中心""矿冶科技集团有限公司(铜陵)国家技术转移中心""吉林大学(铜陵)国家技术转移中心""长江经济带磷资源高效利用创新平台"揭

牌。矿冶科技集团针对尾砂综合利用行业共性难题,与铜陵有色公司、中交第三公路工程局有限公司、铜陵市建设投资控股有限公司、安徽铜陵海螺水泥有限公司签署了联合推进铜陵地区尾矿资源综合利用产学研合作意向书,拟通过跨行业产学研深度融合,开展尾矿综合利用关键技术研究和工程示范,形成尾矿增值消纳整体解决方案。武汉理工大学与泰山石膏(铜陵)有限公司围绕磷石膏、脱硫石膏开展制备板材和砂浆等新产品、新技术提升研究;与铜冠建安新型环保建材有限公司开展尾矿综合利用技术提升研究;铜陵市政府与阿里云合作,引入工业—环境大脑项目,开展重点企业能源、资源消耗在线检测和大数据分析,探索节能降耗、工业固废源头减量新路径。

3)延伸产业链条,构建三大产业协同减废模式

(1)铜产业固废。采用尾砂胶结充填技术,从源头减少选矿尾砂堆存量;铜矿井下矸石综合利用生产建筑材料;充分回收铜冶炼阳极泥、烟灰、铅滤饼、铜砷滤饼、冶炼渣、铜延伸加工废渣金属资源,推动铜产业固废资源全部回收利用。

(2)硫磷化工固废。硫铁矿开采矸石综合利用,选矿尾砂胶结充填采空区,硫酸烧渣全部用于钢铁(球团)企业生产原料;钛白粉行业产生的废酸浓缩回用,副产硫酸亚铁废渣综合利用生产氧化铁黑(黄、红)、磷酸铁、净水剂等产品,硫铁矿制酸焙烧渣全部送钢铁(球团)企业综合利用;通过实施磷酸工艺升级改造,提升了磷石膏品质,扩大了磷石膏综合利用规模,结合磷石膏"以用定产"、生态化利用,实现当年产生磷石膏的全部利用,同时磷石膏历史堆存量由540万吨下降至80万吨。

(3)水泥建材协同利用固废。污染土、无机污泥、危险废物、飞灰通过水泥窑协同处置;磷石膏、钛石膏、脱硫石膏、冶炼废渣、粉煤灰、废水处理中和渣(石膏渣)、铜冶炼渣选矿尾砂等工业固废综合利用产品结构日趋多元化,形成纸面石膏板、水泥缓凝剂、矿山尾砂井下充填新型胶凝材料、蒸压加气砼板材(砌块)、建筑砂浆、粉煤灰砖等系列产品。实施钛石膏等工业副产石膏用于废弃露天石料矿坑修复工程,探索工业固废生态化利用新路径(图5-11)。

3. 取得成效

试点期间,完成了铜冶炼烟灰和铅滤饼中有价金属回收和处理技术、阳极泥中稀贵金属回收技术、冬瓜山铜矿尾矿资源综合利用技术、年替代5万吨水泥充填胶凝材料矿山应用技术、安庆铜矿废石尾砂胶结充填技术等多项研究,形成了多项工业化应用操作技术规程。六国化工与阿里云合作的工业—环境大脑项目提高了磷肥生产磷资源回收率,每年可节约磷矿石资源6000吨、减少

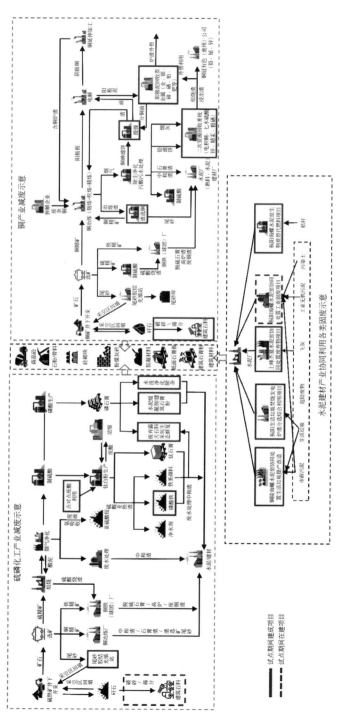

图 5-11 铜-硫磷化工-水泥建材产业协同减废示意图

磷石膏产生量 10000 吨，入选"2019 中国国际大数据产业博览会百家大数据优秀案例"、2019 工信部"百家大数据优秀案例"。铜陵有色冬瓜山铜矿井下矸石综合利用、综合利用工业固废生产新型矿山充填胶凝材料、铜阳极泥综合利用、有色二次资源回收和综合利用、铜冶炼渣再选、磷酸工艺升级改造、硫酸亚铁渣生产磷酸铁及净水剂、水泥窑协同处置固废等一批重点项目建成投产，新增工业固废综合利用能力 300 万吨，磷石膏堆存量由 540 万吨下降到 80 万吨，经济效益和环境效益显著。

4. 总结

安徽铜陵市多产业协同减废模式通过建材行业协同消纳其他行业产生的固废，适用于建材行业较为发达的地区，尤其是当地的水泥窑等一些建材窑炉需要具备协同利用固废的条件和能力。

参 考 文 献

[1] 程绪想,杨全兵.钢渣的综合利用[J].粉煤灰综合利用,2010(5):45-49.

[2] 崔敬轩,闫大海,李丽,等.水泥窑共处置过程中砷挥发特性及动力学研究[J].中国环境科学,2014,34(6):1498-1504.

[3] 樊新花,但建明,张燕,等.利用氯碱盐泥超声制备硫酸钙晶须[J].广东化工,2018,45(8):16-19.

[4] 郭培民,等.冶金窑炉共处置危险废物[M].北京:冶金工业出版社,2015.

[5] 郭秀键,舒型武,梁广,等.钢铁企业含铁尘泥处理与利用工艺[J].环境工程,2011,29(2):96-98.

[6] 国家环境保护局科技标准司.工业污染物产生和排放系数手册[M].北京:中国环境科学出版社,2003.

[7] 国家统计局.中国统计年鉴(2011—2022)[M].北京:中国统计出版社,2011.

[8] 贾敏.煤矸石综合利用研究进展[J].矿产保护与利用,2019,39(4):46-52.

[9] 雷清源,周康根,何德文,等.赤泥中钪和钛的回收研究进展[J].矿产保护与利用,2019,39(3):15-20.

[10] 雷瑞,付东升,李国法,等.粉煤灰综合利用研究进展[J].洁净煤技术,2013(3):106-109.

[11] 练伟.煤矸石为原料制备莫来石及复相陶瓷的力学性能研究[D].淮南:安徽理工大学,2021.

[12] 廖仕臻,杨金林,马少健.赤泥综合利用研究进展[J].矿产保护与利用,2019,39(3):21-27.

[13] 李春萍.水泥窑协同处置危险废物实用技术[M].北京:中国建材工业出版社,2019.

[14] 刘美佳,李岩,肖海平,等.陶粒窑协同处置电镀污泥试验中 Zn、Cr 的迁移特性[J].环境科学研究,2022,35(4):1056-1062.

[15] 刘帅,张宗旺,张建良,等.高钛型高炉渣钛提取工艺研究现状及发展展望[J].中国冶金,2020,30(3):1-7.

[16] 马崇振.用重选—磁选—反浮选法回收鞍山某尾矿中的铁[J].矿产保护与利用,2021,41(5):111-117.

[17] 马建立.可持续工业固体废物处理与资源化技术[M].北京:化学工业出版社,2015.

[18] 马丽萍.固体废物资源化-工程原理案例解析[M].北京:化学工业出版社,2022.

[19] 马越.钢渣基多金属复合磷酸盐水泥的性能及其机理研究[D].昆明:昆明理工大学,2021.

[20] 南相莉,张廷安,刘燕,等.我国赤泥综合利用分析[J].过程工程学报,2010(S1):264-270.

[21] 欧阳丽.工业固体废物管理工作指南[M].上海:同济大学出版社,2017.

[22]　潘聪超,邸久海,庞建明,等.冶金窑炉内实现固体废弃物协同处理的工艺[J].中国冶金,2018,28(3):80-82.

[23]　乔爱萍.浅谈燃煤锅炉炉渣处理方法[J].山西科技,2019,34(3):119-121,125.

[24]　任芝军.固体废物处理处置与资源化技术[M].哈尔滨:哈尔滨工业大学出版社,2010.

[25]　生态环境部法规与标准司.中华人民共和国固体废物污染环境防治法条文释解[M].北京:中国法制出版社,2010.

[26]　生态环境部固体废物与化学品司.无废城市建设:模式探索与案例[M].北京:科学出版社,2021.

[27]　生态环境部宣传教育中心.工业污染源污染特征与环境违法行为解析[M].北京:中国环境出版社,2019.

[28]　舒型武.钢渣特性及其综合利用技术[J].有色冶金设计与研究,2007,28(5):31-34.

[29]　唐艳冬,陈坤,王树堂,等.水泥窑共处置应用的国际经验[J].环境保护,2012(14):68-71.

[30]　王方群,原永涛,齐立强.脱硫石膏性能及其综合利用[J].粉煤灰综合利用,2004,1(1):41-44.

[31]　王海风,张春霞,齐渊洪,等.高炉渣处理技术的现状和新的发展趋势[J].钢铁,2007,42(6):83-87.

[32]　王立志,陈明昌,张强,等.脱硫石膏及改良盐碱地效果研究[J].中国农学通报,2011,27(20):241-245.

[33]　王琪,等.工业固体废物处理及回收利用[M].北京:中国环境科学出版社,2006.

[34]　王永明,任中山."无废城市"建设试点工业固体废物管理经验浅析[J].中华环境,2020(11):33-35.

[35]　吴秋生,李小燕,范道荣,等.硅钙钾镁硼肥的开发与制备技术研究[J].肥料与健康,2020.

[36]　肖国举,罗成科,白海波,等.脱硫石膏改良碱化土壤种植水稻施用量研究[J].生态环境学报,2009,18(6):2376-2380.

[37]　许莹,李单单,杨姗姗.含钛高炉渣综合利用研究进展[J].矿产综合利用,2021(1):23-31.

[38]　闫大海,李璐,黄启飞,等.水泥窑共处置危险废物过程中重金属的分配[J].中国环境科学,2009,29(9):977-984.

[39]　杨权成,马淑花,谢华,等.高铝粉煤灰提取氧化铝的研究进展[J].矿产综合利用,2012,3(3):7.

[40]　叶恒棣,李谦,魏进超,等.钢铁炉窑协同处置冶金及市政难处理固废技术路线[J].钢铁,2021,56(11):141-147.

[41]　叶绿茵,李健生,朱蓉,等.锅炉炉渣、铅锌尾矿渣等废渣的利用[J].四川水泥,2005(1):12-14.

[42]　易龙生,米宏成,吴倩,等.中国尾矿资源综合利用现状[J].矿产保护与利用,2020,40(3):79-84.

[43]　尹玉霞.硼泥的环境问题及资源化利用[J].中国资源综合利用,2020,38(2):72-75.

[44] 战佳宇.固体废物协同处置与综合利用[M].北京：中国建材工业出版社,2014.

[45] 张冰洁,宋鑫,王恒广,等.基于"无废城市"建设的工业固体废物管理新策略[J].环境工程学报,2022,16(3)：732-737.

[46] 张福祥,赵莎,刘卓,等.全球硼矿资源现状与利用趋势[J].矿产保护与利用,2019,39(6)：142-151.

[47] 张利珍,张永兴,张秀峰,等.中国磷石膏资源化综合利用研究进展[J].矿产保护与利用,2019,39(4)：14-18.

[48] 张战军.从高铝粉煤灰中提取氧化铝等有用资源的研究[D].西安：西北大学,2007.

[49] 赵由才.实用环境工程手册——固体废物污染控制与资源化[M].北京：化学工业出版社,2002.

[50] 赵学军.氯碱盐泥资源化利用分析[J].氯碱工业,2019,55(4)：1-3.

[51] 朱雪涛,杜兵,阿曼角,等.半水磷石膏地下充填材料的磷和氟浸出特性及地球化学模拟[J].中国环境科学,42(2)：680-687.

[52] 中华人民共和国生态环境部.包头市"无废城市"建设试点工作总结报告[R/OL].(2021-07-09).

[53] 中华人民共和国生态环境部.西宁市"无废城市"建设试点工作总结报告[R/OL].(2021-05-27).

[54] 中华人民共和国生态环境部.北京经济技术开发区"无废城市"建设试点工作总结报告[R/OL].(2021-08-25).

[55] 中华人民共和国生态环境部.盘锦市"无废城市"建设试点工作总结报告[R/OL].(2021-02-08).

[56] 中华人民共和国生态环境部.铜陵市"无废城市"建设试点工作总结报告[R/OL].(2021-08-25).

[57] 中华人民共和国生态环境部.2020 年全国大、中城市固体废物污染环境防治年报[EB/OL].[2020-12-28].

[58] AGRAWAL S,DHAWAN N. Evaluation of red mud as a polymetallic source-A review [J]. Minerals Engineering,2021,171：107084.

[59] CHERNYSH Y,YAKHNENKO O,CHUBUR V,et al. Phosphogypsum recycling：A review of environmental issues,current trends,and prospects[J]. Applied Sciences,2021,11(4)：1575.

[60] CUI C,LIU M,LI L,et al. Effects of increasing chlorine concentration in feedstock on the emission and distribution characteristic of dioxins in circular fluidized bed boiler [J]. Environmental Science and Pollution Research,2022：1-11.

[61] GAO J,LI S,ZHANG Y,et al. Process of re-resourcing of converter slag[J]. Journal of Iron and Steel Research,International,2011,18(12)：32-39.

[62] GOU M,ZHOU L,THEN N W Y. Utilization of tailings in cement and concrete：A review[J]. Science and Engineering of Composite Materials,2019,26(1)：449-464.

[63] SUTAR H,MISHRA S C,SAHOO S K,et al. Progress of red mud utilization：An overview[J]. 2014.

[64] KORALEGEDARA N H,PINTO P X,DIONYSIOU D D,et al. Recent advances in

flue gas desulfurization gypsum processes and applications—A review[J]. Journal of environmental management,2019,251: 109572.

[65] LI J,WANG J. Comprehensive utilization and environmental risks of coal gangue: A review[J]. Journal of Cleaner Production,2019,239: 117946.

[66] LONG H,HUANG X,LIU M,et al. The fate of heavy metals in the co-processing of solid waste in converter steelmaking[J]. Journal of Environmental Management,2022, 311: 114877.

[67] LONG H,LIAO Y,CUI C,et al. Assessment of popular techniques for co-processing municipal solid waste in Chinese cement kilns[J]. Frontiers of Environmental Science & Engineering,2022,16(4): 1-13.

[68] LOTTERMOSER B. Mine wastes[M]. Springer-Verlag Berlin Heidelberg,2007.

[69] MANGI S A,WAN IBRAHIM M H,JAMALUDDIN N,et al. Recycling of coal ash in concrete as a partial cementitious resource[J]. Resources,2019,8(2): 99.

[70] QI C,FOURIE A. Cemented paste backfill for mineral tailings management: Review and future perspectives[J]. Minerals Engineering,2019,144: 106025.

[71] RAUT S P, RALEGAONKAR R V, MANDAVGANE S A. Development of sustainable construction material using industrial and agricultural solid waste: A review of waste-create bricks[J]. Construction and building materials,2011,25(10): 4037-4042.

[72] SAADAOUI E,GHAZEL N,BEN ROMDHANE C,et al. Phosphogypsum: potential uses and problems-a review[J]. International Journal of Environmental Studies,2017, 74(4): 558-567.

[73] TAYIBI H,CHOURA M,LÓPEZ F A,et al. Environmental impact and management of phosphogypsum [J]. Journal of environmental management, 2009, 90 (8): 2377-2386.

[74] VÁCLAVÍK V,DIRNER V,DVORSKÝ T,et al. The use of blast furnace slag[J]. Metalurgija,2012,51(4): 461-464.

[75] WANG J, YANG P. Potential flue gas desulfurization gypsum utilization in agriculture: A comprehensive review[J]. Renewable and Sustainable Energy Reviews, 2018,82: 1969-1978.

[76] WANG S,JIN H, DENG Y, et al. Comprehensive utilization status of red mud in China: A critical review[J]. Journal of Cleaner Production,2021,289: 125136.

[77] YAN D,PENG Z,DING Q,et al. Distribution of Hg,As and Se in material and flue gas streams from preheater-precalciner cement kilns and vertical shaft cement kilns in China[J]. Journal of the Air & Waste Management Association,2015,65(8): 1002-1010.

[78] YANG L,WANG L,CUI C,et al. Heavy metal and metalloid emissions during co-processing of waste in a sintering kiln: Migration characteristics in the kiln and long-term leaching from bricks [J]. Journal of Environmental Management,2022, 322: 116145.

［79］ YAO Z T,JI X S,SARKER P K,et al. A comprehensive review on the applications of coal fly ash［J］. Earth-science reviews,2015,141: 105-121.

［80］ YUKSEL I. Blast-furnace slag［M］//Waste and supplementary cementitious materials in concrete. Woodhead Publishing,2018: 361-415.

［81］ YU J,LIN L, QIAN J, et al. Preparation and properties of a low-cost magnesium phosphate cement with the industrial by-products boron muds［J］. Construction and Building Materials,2021,302: 124400.

［82］ ZHANG Y,LING T C. Reactivity activation of waste coal gangue and its impact on the properties of cement-based materials-a review ［J］. Construction and Building Materials,2020,234: 117424.